aid
1496/2010

Herausgegeben vom
aid infodienst
Ernährung, Landwirtschaft,
Verbraucherschutz e. V.
Heilsbachstraße 16
53123 Bonn
www.aid.de
aid@aid.de
mit Förderung durch das
Bundesministerium für Ernährung,
Landwirtschaft und Verbraucherschutz
aufgrund eines Beschlusses des
Deutschen Bundestages.

Text
Dr. Frank Welle, Freising
Carmen Menn, Bonn

Redaktion
Dipl.-Troph. Rüdiger Lobitz, aid

Bilder
Verband der Wellpappen-Industrie e. V.,
Darmstadt, Seite 10, 51;
Rasselstein GmbH, Andernach,
Seite 11 unten;
Aktionsforum Glasverpackung,
c/o Bundesverband Glasindustrie e.V.,
Düsseldorf, Seite 12;
European Bioplastics e. V., Berlin (Logo);
Huhtamaki, Seite 20;
Bizerba, Balingen, Seite 43;
Ardagh Glass Plc, Luxembourg, Seite 50;
Fachverband Kartonverpackungen für
flüssige Nahrungsmittel e.V., Berlin,
Seite 55;
Peter Meyer, aid, alle übrigen

Gestaltung
grafik.schirmbeck, Meckenheim

Druck
Druckerei Lokay e. K.,
Königsberger Straße 3, 64354 Reinheim

2. überarbeitete Auflage

ISBN 978-3-8308-0937-1

ANFORDERUNGEN AN LEBENSMITTEL-VERPACKUNGEN

Verpackungen sollen das Lebensmittel gegenüber äußeren Einflüssen wie Beschädigung, Verschmutzung, Licht, Luft, Feuchtigkeit und Mikroorganismen schützen. Sie gewährleisten und erleichtern zudem den Transport. Als Verpackung werden feste Behälter aus Glas, Metall, Kunststoffen oder Umhüllungen aus Karton, Papier und Kunststofffolien verwendet. Oft werden verschiedene Verpackungsmittel kombiniert, um einen auf das jeweilige Lebensmittel optimal abgestimmten Schutz zu bieten. Dabei muss die Verpackung lebensmittelrechtlichen Anforderungen und modernen Verpackungsprozessen entsprechen sowie einen angemessenen Preis haben.

Lebensmittelverpackungen spielen in vielen Bereichen der Lebensmittelkette eine Rolle, besonders aber am Ende dieser Kette, wenn die Lebensmittel in den Verkauf oder zum Verbraucher gelangen. Der Verbraucher verlangt heutzutage von Lebensmitteln nicht nur gesundheitliche Unbedenklichkeit, sondern auch einen hohen Genusswert und Frische. Letzteres bedeutet, dass das Lebensmittel bis zum Verzehr weitestgehend seine Qualität behält. Dies kann nur erreicht werden, wenn die Verpackung optimal auf das Lebensmittel abgestimmt ist.

Oberflächlich betrachtet sieht es nicht sehr kompliziert aus, die optimale Verpackung für ein bestimmtes Lebensmittel zu finden. Auf den zweiten Blick wird jedoch deutlich, dass jedes Lebensmittel seine eigenen Anforderungen an das Packmittel stellt. Käse darf zum Beispiel nicht austrocknen, die Verpackung muss daher wasserdampfundurchlässig sein. Auch soll der Käse nicht schimmeln. Daher wird Käse oftmals unter Ausschluss von Sauerstoff verpackt; dies hemmt die Schimmelbildung. Fleisch dagegen hält sich länger und sieht ansprechender aus, wenn Sauerstoff zugegen ist. Fleischverpackungen sind daher bewusst sauerstoffdurchlässig. Bei fetthaltigen Lebensmitteln besteht eine höhere Gefahr, dass fettlösliche Substanzen aus der Verpackung in das Lebensmittel übergehen als bei wässrigen oder trockenen Lebensmitteln. Verpackungen für fetthaltige Lebensmittel müssen daher besonders sorgsam ausgewählt und geprüft werden.

Die Verpackung erhält zudem für die Lebensmittelhersteller wie auch für den Verbraucher eine immer größere Bedeutung. Die Bequemlichkeit („Convenience“) rückt in den Vordergrund. Beispielsweise dienen moderne „ready-to-heat“- beziehungsweise „ready-to-eat“-Verpackungen auch zum Erwärmen der Speisen (zum Beispiel in der Mikrowelle) und zum sofortigen Verzehr der Lebensmittel direkt aus der Verpackung. Moderne Verpackungsmaterialien ermöglichen auch den Transport von Lebensmitteln über weite Strecken, so dass heute im Supermarkt ganz selbstverständlich Lebensmittel aus fernen Ländern neben heimischen Produkten stehen. Lebensmittel werden auch zu ernteunüblichen Jahreszeiten quasi das gesamte Jahr über angeboten. Qualitätsmindernde Einflüsse sind auf ein Mindestmaß reduziert. Prognosen sprechen dafür, dass der Verbrauch an Verpackungsmaterialien gemäß dem Trend der letzten Jahre weiter steigen wird. Umso wichtiger ist es, Verpackungen recyclingfähig herzustellen.

Im Wesentlichen stellen Handel und Verbraucher folgende Anforderungen an die Verpackung:

Schutzfunktion

Die primäre Aufgabe einer Verpackung ist der Schutz des Lebensmittels vom Zeitpunkt des Abpackens bis zum Konsum durch den Verbraucher. Sie bewahrt das Lebensmittel vor mechanischen Einflüssen (Transport, Hantierung), vor Befall durch Mikroorganismen und Nahrungsschädlingen sowie vor Umwelteinflüssen (Feuchtigkeit, Umweltkontaminanten). Darüber hinaus schützt die Verpackung auch den Inhalt vor Verlust von Vitaminen, Aromen etc.

Kennzeichnungsfunktion

Lebensmittel werden mit einer Vielzahl von gesetzlich vorgeschriebenen Angaben deklariert, zum Beispiel mit Informationen über Verpackungsinhalt, Hersteller, Nährstoffe, Handhabung, Lagerung, Mindesthaltbarkeit oder Öffnungshinweise. Die Verpackung muss den Raum für die Fülle an Informationen bieten und dies häufig in unterschiedlichen Sprachen, da verpackte Lebensmittel oft weltweit gehandelt werden.

Distributionsfunktion

Der Handel erwartet von der Verpackung, dass sie einen schadensfreien Transport gewährleistet und dass das Produkt gelagert werden kann. Transportverluste dürfen allenfalls minimal sein. Im Verkaufsregal muss die Verpackung stapelbar und standfest sein.

Funktionalität

Der Verbraucher erwartet von der Verpackung, dass sie gut handhabbar und leicht zu öffnen ist. Gegebenenfalls muss sie auch wieder verschließbar sein. Fertiggerichte sollen in den Verpackungen erwärmt und oftmals auch daraus verzehrt werden können.

Originalitäts- und Manipulationsnachweis

Viele Verpackungen signalisieren dem Verbraucher mithilfe von Siegeln und anderen Hilfsmitteln, dass es sich um ein echtes Markenprodukt handelt und dass keine Manipulationen vorgenommen wurden. So wird ausgeschlossen, dass das Lebensmittel durch ungewolltes Öffnen kontaminiert oder von Dritten manipuliert wird.

Werbefunktion

Dort, wo Lebensmittel verkauft werden, ist die Verpackung auch Werbeträger und soll ohne das Zutun eines Verkäufers den Kaufreiz für das Produkt auslösen. Oftmals lässt sich ein Lebensmittel nur über die Verpackung von Konkurrenzprodukten unterscheiden.

Recyclingfähigkeit

Weil Kunden verstärkt Müll vermeiden und Ressourcen schonen möchten, sind Verpackungen immer besser wiederverwertbar oder können schadstoffarm entsorgt werden.

TRENDS IM KONSUMVERHALTEN

Trends im Verhalten der Konsumenten wirken sich auch auf das Verpackungsdesign aus. So reagiert die Lebensmittelindustrie auf die steigende Zahl an Einpersonenhaushalten, indem sie verstärkt kleinere Verpackungsgrößen oder portionierbare und wiederverschließbare Produkte anbietet. Beispielsweise gibt es heute Trockensuppen in Bechern, Miniriegel, Mais in kleinen Dosen, Milchgetränke in verschließbaren Flaschengrößen und portionierbaren Tiefkühlspinat in wiederverschließbaren Schachteln.

Verbraucher legen auch zunehmend Wert auf frische und hochwertige Lebensmittel, die sich schnell zubereiten oder verzehren lassen: Portioniertes Obst in Tiefziehschalen, frische Pasta mit beigelegter Soße, Sandwiches in Klarsichtver-

packungen oder Feinkostsalate im Plastikbehälter. Im Haushalt wird heute generell weniger bevorratet als noch vor einigen Jahren. Verzehrt wird zudem oftmals außer Haus, zum Beispiel in Imbissbetrieben, Bäckereien oder Fleischerfachgeschäften.

Lose Ware versus SB-Produkte bei Fleisch und Wurst			
Jahr	**lose Ware**	**SB-Ware**	**Konserven**
2003	36 Prozent	58 Prozent	6 Prozent
2009	27 Prozent	67 Prozent	6 Prozent
Quelle: GfK-Haushaltspanel			

Vertriebswege von Lebensmiteln				
Jahr	**Drogeriemärkte**	**Discounter**	**Supermärkte**	**Lebensmitteleinzelhandel**
2003	7,9 Prozent	38,4 Prozent	38,1 Prozent	28,5 Prozent
2009	8,6 Prozent	44,6 Prozent	23,1 Prozent	23,7 Prozent
Quelle: GfK-Haushaltspanel				

Discounter und Verbrauchermärkte erweitern das Angebot von Convenienceprodukten und Komplettgerichten, die sich schnell und unkompliziert zubereiten lassen – etwa ganze tiefgekühlte Menüs in Tiefziehschalen, bei denen mehrere Lebensmittel voneinander getrennt aufgewärmt und serviert werden. Auch frischer Pizzateig beispielsweise hat neue Verpackungsdesigns hervorgebracht, bei denen der Teig gleich auf Backpapier eingerollt ist. Die Verpackungen solcher Produkte müssen mitunter besonderen Anforderungen standhalten, zum Beispiel dem Erwärmen in der Mikrowelle.

Die demografische Entwicklung hat ebenfalls Einfluss auf die Gestaltung von Verpackungen. Mit der stetig steigenden Lebenserwartung wächst die Zahl der Senioren. Für diese Zielgruppe werden altersgerechte, also zum Beispiel leicht zu öffnende Verpackungen entwickelt. Das Fraunhofer-Anwendungszentrum Verarbeitungsmaschinen und Verpackungstechnik (AVV) erforscht seit 2005 in seinem „Easy-Opening-Projekt" das Öffnungsverhalten so genannter peelbarer Verpackungen. Bei solchen Verpackungen, zum Beispiel Jogurtbechern, zieht der Verbraucher zum Öffnen eine Folie vom Rest der Verpackung ab. Ziel sind Folien, die mit möglichst geringem Kraftaufwand entfernt werden können.

VERPACKUNGSMATERIALIEN

Entscheidendes Kriterium für die Auswahl der Verpackungsmaterialien ist neben dem Preis die Haltbarkeit des Lebensmittels und die Barriere gegenüber Sauerstoff, Feuchtigkeit, Licht und Mikroorganismen. Die heutzutage verwendeten Verpackungsmaterialien zeigen sehr unterschiedliche Eigenschaften und sind somit nicht für alle Lebensmittel gleichermaßen geeignet. Im Folgenden sind die wichtigsten Verpackungsmaterialien und ihre Eigenschaften zusammengestellt.

Packmittelmarkt in Deutschland 2007				
Gesamtumsatz nach Wert	**Kunststoffe**	**Papier und Karton**	**Metalle**	**Glas**
30 Milliarden Euro	43 Prozent	32 Prozent	19 Prozent	6 Prozent
Quelle: Gemeinschaftsausschuss Deutscher Verpackungshersteller (GADV)				

Papier und Karton

Papiere und Kartons sind traditionelle und vielseitige Verpackungsmaterialien. Sie werden aus Cellulosefasern aus dem Rohstoff Holz hergestellt. Im Verpackungsbereich kommen Papier und Kartons hauptsächlich für trockene Füllgüter wie Zucker, Mehl, Nudeln zum Einsatz. Kartons werden sehr häufig auch als Umverpackungen (Sekundärverpackungen) verwendet und haben nicht zuletzt dadurch einen hohen Anteil am Verpackungsaufkommen. Den Nachteil der fehlenden Barriereeigenschaften von Papier und Karton gegenüber Sauerstoff und Feuchte wiegt die gute Recycelbarkeit auf. Papiere und Kartons mit einer zusätzlichen Beschichtung aus Polyolefinen können auch für fetthaltige Lebensmittel (zum Beispiel Pizzakartons) oder Getränke (etwa Milchkartons) verwendet werden. Gebrauchte Papiere werden seit langem recycelt und zur erneuten Papierproduktion verwendet.

Metall

Aluminium

Schraubverschlüsse von Flaschen, Deckel von Jogurtbechern, zum Teil auch Getränkedosen, bestehen aus dem Leichtmetall Aluminium. Die Herstellung erfolgt durch Elektrolyse von Aluminiumoxid, das als Mineral Bauxit abgebaut wird. Aluminium ist sauerstoff- und feuchtigkeitsundurchlässig und wird in dünnen Folien als Barrierematerial auch auf Kunststofffolien (zum Beispiel für Kaffeeverpackungen, Tütensuppen) oder Kartons (beispielsweise Saftkartons) kaschiert. Als dickwandige Schalen wird Aluminium für Fertigprodukte verwendet. Aluminium lässt sich nahezu ohne Qualitätsverlust wiederverwerten.

Weißblech

Die Weißblechdose für Nahrungsmittel oder Getränke ist ein Klassiker unter den Verpackungen. Sie besteht aus einem dünnen Stahlblech, das zum Schutz vor Korrosion an der Oberfläche mit dem Metall Zinn überzogen wird. Die Weißblechdose dient beispielsweise für Obst- und Gemüsekonserven. Eine Wiederverwertung erfolgt wie bei Aluminium ohne Qualitätsverluste.

Glas

Glas ist eines der ältesten Verpackungsmaterialien überhaupt. Hauptbestandteil ist Siliziumdioxid, das unter Zusatz weiterer Mineralien aufgeschmolzen wird und anschließend amorph – das heißt nichtkristallin – erstarrt. Glas lässt sich sehr gut in Flaschen und Behälter formen, ist vollkommen sauerstoffundurchlässig und sehr hitzebeständig. Es wird im Verpackungsbereich für Bier, Wein, Mineralwasser, Glaskonserven und Konfitüren verwendet. Nachteilig sind das relative hohe Gewicht im Vergleich zur Füllmenge sowie die hohe Bruch- und die damit verbundene Verletzungsgefahr. Dies führte in vielen Fällen zur Substitution traditioneller Glasverpackungen (zum Beispiel bei Mineralwässern und Süßgetränken) durch Kunststoffe wie PET. Glas lässt sich – farblich sortiert – beliebig oft recyclieren.

Kunststoffe

Kunststoffe gehören zu den wichtigsten Materialentwicklungen der vergangenen Jahrzehnte. Die Ausgangsprodukte von Kunststoffen (Monomere) werden fast ausschließlich aus Erdöl gewonnen. Gemessen an der Stückzahl bestehen heute mehr als 60 Prozent aller Verpackungen ganz oder teilweise aus Kunststoffen. Die meistverwendeten Kunststoffe im Verpackungsbereich sind Polyethylen (LD-PE, HD-PE), Polypropylen (PP), Polyethylenterephthalat (PET) und Polystyrol (PS). In den vergangenen Jahren werden jedoch auch zunehmend „Biokunststoffe" im Verpackungsbereich eingesetzt, die aus nachwachsenden Rohstoffen hergestellt werden.

Kunststoffverbrauch in Deutschland 2007 (Gesamt: 12,5 Mio. t)	
Industriezweig	**Anteil**
Verpackung	32,4 Prozent (4.05 Mio. t)
Bau	25,2 Prozent
Fahrzeugbau	9,2 Prozent
Elektro/Elektronik	7,4 Prozent
Möbel	3,8 Prozent
Haushaltswaren	2,9 Prozent
Landwirtschaft	2,5 Prozent
Medizin	1,7 Prozent
Sonstige	14,9 Prozent
Quelle: Kunststoff-Information KI 1934 vom 12.12.2008	

Polyethylen (LD-PE und HD-PE)

Polyethylen (PE) wird durch Polymerisation von Ethylen gewonnen. Je nach Herstellungsbedingungen ergeben sich Produkte unterschiedlicher Dichte und Eigenschaften. Polyethylen niederer Dichte (LD-PE – Low Density Polyethylen) wird hauptsächlich für Folien verwendet und ist transparent. Es dient als Verpackungsmaterial für sehr viele Lebensmittelgruppen und wird oftmals mit anderen Materialien kombiniert. Polyethylen hoher Dichte (HD-PE – High Density Polyethylen) wird dagegen sehr häufig für Hohlkörper (Flaschen) oder dickere Folien verwendet. Ungefärbt ist es nicht transparent, sondern milchig weiß.

Polypropylen (PP)

Polypropylen wird durch Polymerisation von Propylen gewonnen. Es besteht wie Polyethylen aus linearen Makromolekülen, jedoch mit Methylgruppen in der Seitenkette. Die räumliche Anordnung dieser Seitenketten, welche durch die Wahl der Herstellungsbedingungen (zum Beispiel des Katalysators) gesteuert werden kann, bestimmen die Eigenschaften von Polypropylen. Es wird für Behälter und Folien verwendet. Im Folienbereich wird PP oftmals „gereckt“ („orientiertes“ Polypropylen – OPP), das heißt, in eine Richtung gedehnt, um bessere Verpackungseigenschaften zu erreichen. „Biaxial orientiertes Polypropylen“ – BOPP – wird während der Produktion in zwei Richtungen gereckt. Polypropylen hat gute Fett- und Feuchtebarriereeigenschaften.

Polyamide (PA)
Als Polyamide bezeichnet man Polymere, die auf Peptidbindungen basieren. Im Verpackungsbereich finden hauptsächlich die Monomere Caprolactam (PA-6) oder Laurolactam (PA-12) Verwendung. Polyamide zeichnen sich durch gute Barriereeigenschaften gegenüber Sauerstoff und Feuchte aus. Sie werden oftmals als Barrierematerialien in Kombination mit anderen Polymeren (zum Beispiel als Mittelschicht in PET-Bierflaschen) verwendet. Weitere Anwendungsgebiete sind Folien und Wurstpellen.

Polystyrol (PS und EPS)
Polystyrol (PS) wird durch Polymerisation von Styrol hergestellt. Amorphes, das heißt nichtkristallines PS ist farblos, glasartig und hat eine hohe Transparenz. Hauptanwendungsbereiche sind Folien, Tiefziehbehälter („Trays“) und Becher. In aufgeschäumter Form wird es als EPS (Expandierter Polystyrol-Hartschaum) für Schutzverpackungen (Handelsname Styropor®) verwendet. Als Schäumungsmittel werden hauptsächlich Butan und Pentan oder Kohlendioxid verwendet. Im Verpackungsbereich findet Polystyrol als geschäumte Folie in Form von Trays für Fleisch, Wurst, Fisch, Obst und Gemüse Verwendung. Als Becher in Kombination mit einer Aluminiumverschlussfolie wird Polystyrol für Jogurts, Jogurtdrinks, Milchprodukte und ähnliche Produkte eingesetzt. Auch im Catering- (Kunststofftassen) und Fast-Food-Sektor findet Polystyrol Anwendung. PS-Folie wird oftmals als Sichtfenster in Kartonverpackungen integriert, zum Beispiel bei Nudeln. Auch Eierbehälter werden aus PS hergestellt.

Polyester: Polyethylenterephthalat (PET)
Polyester werden aus Dicarbonsäuren (zum Beispiel Terephthalsäure) und Dialkoholen (meist Ethylenglycol) hergestellt. Im Verpackungsbereich findet hauptsächlich Polyethylenterephthalat (PET) Anwendung. PET wird mengenmäßig hauptsächlich für Getränkeflaschen (Süßgetränke, Mineralwässer, Fruchtsäfte, Eis-Tees, Bier, Schorlen) verwendet. Für Fruchtsäfte und Bier sind jedoch spezielle Sauerstoffbarriereschichten oder Sauerstofffänger notwendig (siehe S. 32, Kapitel „Wechselwirkungen zwischen Lebensmittel und Verpackung: Migration und Permeation“). Auch für viele Folien kommt Polyethylenterephthalat als Trägermaterial infrage. Als Tiefziehschalen oder Becher wird PET für Fertiggerichte, Frischgemüse, Obst, Marmelade und Gewürze verwendet, häufig mit anderen Polymeren oder Aluminium kaschiert oder bedampft (Aluminium, Titandioxid, Siliziumdioxid). Kaschierte oder bedampfte PET-Folien verwendet man zum Beispiel für Snacks, Kaffee und Eiscreme.

Amorphes, das heißt nichtkristallines PET, zeichnet sich durch eine hohe Transparenz aus. Ein Herstellungsprozess mit teilkristallinen Bereichen mindert zwar die Transparenz, verbessert aber die mechanischen Eigenschaften und die Barriere gegenüber Sauerstoff. Kristallines PET ist undurchsichtig und wird zum Beispiel bei Mikrowellenschalen verwendet.

Polyvinylchlorid (PVC)

Polyvinylchlorid ist nach wie vor eines der am häufigsten verwendeten synthetischen Polymere. Es wird durch Polymerisation von Vinylchlorid hergestellt. In der Lebensmittelverpackungsindustrie hat PVC jedoch seine Bedeutung verloren. Bei Polyvinylchlorid unterscheidet man Hart-PVC und Weich-PVC. Während bei Hart-PVC vorrangig Stabilisatoren zugesetzt sind, wird Weich-PVC insbesondere durch Phthalsäureester oder Adipinsäureester „weich gemacht". Diese Weichmacher können, wie alle Additive für Polymere, in das Lebensmittel übergehen (migrieren). Aufgrund der guten Fettlöslichkeit und der hohen Konzentration der Weichmacher im Polymer ist die Migration der Weichmacher bei Weich-PVC besonders zu überwachen. Hart-PVC wird hauptsächlich für Trays und Blister verwendet, während Weich-PVC in Form von Folien oder als Dichtmasse in Verschlüssen Anwendung findet.

Polycarbonat (PC)

Polycarbonat kann durch Reaktion von Kohlensäuredichlorid (Phosgen) mit Bisphenol A gewonnen werden. Das Polymer ist transparent und farblos. Im Verpackungsbereich spielt es eine untergeordnete Rolle, zum Beispiel für Wasserspender oder als sterilisierbare Babyfläschchen. Aufgrund der Diskussion um die hormonartige Wirkung von Bisphenol A ist der Einsatz von Polycarbonat rückläufig (siehe Seite 36 Rückstände aus Verpackungen).

Zusatzstoffe für Kunststoffe
Kunststoffe kommen nicht ohne Zusatzstoffe (Additive) aus. Sie ermöglichen erst die Verarbeitbarkeit und Stabilität des Kunststoffs. Antioxidantien verhindern zum Beispiel, dass das Polymer durch Sauerstoff oder Licht geschädigt wird. Für eine gute Verarbeitbarkeit sorgen Gleitmittel. Diese sind auch erforderlich, um ein leichtes Öffnen von Kunststoff-Flaschenverschlüssen zu ermöglichen.
Eine spezielle Gruppe von Additiven sind Weichmacher. Sie sind in Weich-PVC-Verpackungen enthalten, um ein weicheres und besser verarbeitbares Material zu erhalten. Entgegen der landläufigen Meinung enthalten die wenigsten Kunststoffe Weichmacher, da viele Kunststoffe von Natur aus die erforderlichen flexiblen Eigenschaften mitbringen.

Verbundmaterialien

Um heutigen Packstoffeigenschaften gerecht zu werden, ist es oftmals erforderlich, die positiven Eigenschaften einzelner Materialien gezielt miteinander zu kombinieren. Dadurch entsteht ein neuer Packstoff mit speziellen Eigenschaften. Wollte man die gleiche oder nur eine ähnliche Schutzwirkung durch Monomaterialien erreichen, wäre oftmals ein erheblich höherer Materialaufwand notwendig, mit notgedrungen höheren Verpackungskosten. Verbundmaterialien tragen auch maßgeblich zu leichteren Verpackungen bei, damit verbunden ist eine Schonung der „Ressource" Erdöl.

Der Einsatz von Verbundmaterialien ist vielfältig. Um beispielsweise einen Pizzakarton gegenüber Durchfettung zu schützen, kommt eine Beschichtung mit fettabweisenden Polyolefinen infrage. Im Hinblick auf eine verbesserte Sauerstoffbarriere können Materialien mit speziellen Barriereschichten versehen werden. Beispielsweise ist Ethylen-Vinylalkohol-Copolymer (EVOH) ein sehr gutes Barrierematerial gegenüber Sauerstoff und Aromen. Es ist jedoch hygroskopisch (das heißt, es zieht Wasser an) und wird daher immer in Kombination mit anderen Materialien verwendet. Die positiven Barriereeigenschaften dieses Materials sind ohne feuchtigkeitsabweisende Polymere im Verbund nicht nutzbar.

Die wohl bekanntesten Verpackungen aus Verbundmaterialien sind Getränkekartons. Sie bestehen aus Zellstoff und einer dem Lebensmittel zugewandten Polyethylenschicht. Oftmals wird zusätzlich noch eine Aluminiumschicht eingearbeitet. Der Vorteil von Getränkekartons gegenüber Glasverpackungen ist das geringe Gewicht.

Biokunststoffe

Biokunststoffe werden derzeit als Verpackungsmaterialien diskutiert und in manchen Bereichen auch schon eingesetzt. Einige Folien für Gemüse und Obst werden zum Beispiel bereits aus Biokunststoffen hergestellt. Der ansteigende Ölpreis, die Diskussion um Kohlendioxid (CO_2) und den Klimawandel (Stichwort „carbon footprint" = CO_2-Fußabdruck) sowie nicht zuletzt die befristete Befreiung der biologisch abbaubaren Verpackungen von der DSD (Duales System Deutschland GmbH)-Gebühr sind hier treibende Kräfte.

Was sind Biokunststoffe eigentlich und wo liegen die Unterschiede von Biopolymeren zu „herkömmlichen" Polymeren?
Man unterscheidet Biokunststoffe zunächst in biologisch abbaubare Polymere und in Polymere, welche aus nachwachsenden Rohstoffen gewonnen werden (siehe Grafik Seite 20).

Biologisch abbaubare und kompostierbare Kunststoffverpackungen müssen in Europa die Norm EN 13432 des European Bioplastics e. V. erfüllen. Viele Polymere auf Basis nachwachsender Rohstoffe sind biologisch abbaubar. Dies muss aber nicht unbedingt der Fall sein. Umgekehrt können auch herkömmliche, erdölbasierte Polymere biologisch abbaubar sein. Kompostierbarkeit und die biologische Abbaubarkeit setzt lediglich voraus, dass die Polymere den Enzymen von Mikroorganismen Angriffspunkte bieten, so dass die Enzyme die langen Polymerketten in kleinere Stücke „zerlegen" können. Ob diese Angriffspunkte chemisch erzeugt wurden oder bereits aus den biologischen Rohstoffen mit eingebracht wurden, „sehen" die Enzyme nicht. Aus diesem Grund können auch erdölbasierte Polymere biologisch abbaubar sein.

Unter Biopolymeren versteht man auch Polymere, welche auf Basis nachwachsender Rohstoffe erzeugt wurden, beispielsweise aus Milchsäure. Die Milchsäure wird meist biotechnologisch aus Maisstärke hergestellt. Abgesehen von der Energie, die für die Herstellung des Polymers gebraucht wird, ist das durch Polymerisation von Milchsäure erzeugte Polymer (PLA) auf Basis nachwachsender Rohstoffe und nicht aus Erdöl erzeugt worden. Anders als fossile Rohstoffe sind Polymere aus nachwachsenden Rohstoffen CO_2-neutral. Dies bedeutet, dass nur so viel Kohlendioxid bei der Verbrennung oder Verrottung der Biopolymere freigesetzt wird, wie die nachwachsenden Rohstoffe (zum Beispiel Maispflanzen) zuvor der Atmosphäre entzogen haben.

Weitere, nahezu klassische Biopolymere sind Papier und Karton. Karton wird im Verpackungsbereich jedoch nicht als Biopolymer gekennzeichnet. Bei Kartonverpackungen wird allenfalls darauf verwiesen, dass die Rohfasern aus nachhaltig bewirtschafteten Baum-Plantagen hergestellt wurden. Dies bedeutet, dass für die Herstellung der Papier- und Kartonfasern dem Wald nicht mehr Bäume entnommen werden, als wieder nachwachsen oder nachgepflanzt werden.

Die Begriffe „Biopolymere“ und „biologisch abbaubar“ sind verwirrend. Man kann viele Biopolymere auf petrochemischer Basis oder auf Basis von nachwachsenden Rohstoffen erzeugen. Polymere wie Polyethylen, Polyester und Polyamide werden hauptsächlich über die petrochemische Route synthetisiert. Es gibt für diese Polymeren jedoch auch einen Syntheseweg über nachwachsende Rohstoffe. An der Verpackung selbst kann man jedoch nicht mehr nachweisen, ob der Syntheseweg über nachwachsende Rohstoffe verlief oder auf Erdöl basierte. Chemisch gesehen sind beide Verpackungen gleich. Hier wird deutlich, dass man Biopolymere nicht getrennt von herkömmlichen Polymeren betrachten kann.

Ein weiteres Problem stellt die Entsorgung dar. Man kann die biologisch abbaubare Folie über den Biomüll entsorgen. Biologisch abbaubare Polymere verrotten zwar, jedoch können nicht alle kommunalen Kompostieranlagen diese Polymere verarbeiten. Werden also bioabbaubare Verpackungen (wie vorgesehen) über die Kompostierabfälle entsorgt, so müssen diese Folien vor der Kompostierung wie herkömmliche Kunststofffolien wieder aussortiert werden. In der Regel werden diese aussortierten Folien verbrannt. Ob eine kommunale Kompostieranlage bioabbaubare Folien verarbeitet, kann bei den zuständigen Verwaltungen erfragt werden.

Biopolymere haben derzeit einen ökonomischen Nachteil gegenüber konventionellen Polymeren, wenn ihr Einsatz ohne zusätzlichen gebrauchs-, marketing- oder entsorgungstechnischen Nutzen geschieht. Dies muss nicht für immer so bleiben. Es bedarf einer besser regulierten und eindeutigen Kennzeichnung von Biopolymeren in der Lebensmittelverpackungsindustrie.

nachwachsende Rohstoffe

	Bio-HD-PE Bio-PA Bio-PP	Polylactide stärkebasierte Verpackungen Cellulose	
nicht abbaubar			**abbaubar**
	Polyethylen Polypropylen PET, Polyamide	einige Polyester	

petrochemische Rohstoffe

LEBENSMITTEL UND IHRE VERPACKUNGEN

Beim Gang durch ein Lebensmittelgeschäft begegnet uns eine Fülle von Verpackungen, wobei Unterschiede nicht immer auf den ersten Blick erkennbar sind. Genauer betrachtet zeigen die Verpackungen in den einzelnen Lebensmittelgruppen durchaus viele Ähnlichkeiten. Im Folgenden sind die wichtigsten Lebensmittelgruppen und deren hauptsächliche Verpackungsmaterialien zusammengestellt.

Brot und Backwaren

Brot und Backwaren, die für den baldigen Verzehr bestimmt sind, werden normalerweise ohne Verpackung angeboten und nur zum Transport in unbeschichtetes Papier verpackt. Supermärkte bilden hier manchmal eine Ausnahme, wenn sie frische Backwaren in perforierten Polyethylen-Folien verpackt anbieten. Durch das Papier und die perforierte Polyethylen-Folie kann genügend Wasserdampf entweichen, damit die Kruste der Backwaren ihre Rösche, also ihre knusprige Beschaffenheit, behält. Geschnittenes Brot und Toastbrot werden dagegen in luftdichte Polyethylen-Folien verpackt, damit die Schnittkanten nicht austrocknen. Eine Verpackung unter Schutzatmosphäre wirkt einem möglichen Schimmelbefall entgegen. Die Haltbarkeit der Backwaren lässt sich dadurch von etwa einer Woche auf zwei Wochen verdoppeln. Vollkornbrote werden oft in dickere Polyethylen-Folien verpackt, die sterilisierbar sind. Das Brot kann somit über längere Zeit haltbar gemacht werden.

Für Torten und Kuchen (auch Tiefkühlware) werden Kartons eingesetzt, die bei fetthaltigen Produkten (zum Beispiel Sahnetorten) zusätzlich eine Beschichtung gegen Durchfetten aufweisen können. Trockene Backwaren wie Kekse werden häufig in Verbundmaterialien verpackt. Diese bieten eine hinreichende Feuchtebarriere, damit die Kekse bei der Lagerung ihre Rösche erhalten. Folien aus orientiertem Polypropylen (OPP) haben bei dieser Produktgruppe den größten Anteil. Zum Teil lagern Kekse in Trays aus Polyethylenterephthalat (PET), Polypropylen (PP) oder Polystyrol (PS), die einen mechanischen Schutz bieten und die Entnahme aus der Verpackung erleichtern.

Feinkostsalate

Feinkostsalate werden oft in stabile Kunststoffbehälter mit Kunststoffdeckel verpackt. Der Behälter wird fast ausschließlich aus Polypropylen hergestellt. Der flexible Verschluss besteht in der Regel aus Polyethylen.

Tipp:
Kunststoffbehälter von Feinkostsalaten, Jogurts oder Eis können nach Erstgebrauch im Haushalt als Vorratsbehälter verwendet werden. Sie lassen sich in der Regel in der Spülmaschine reinigen.

Fertiggerichte

Fertiggerichte stellen eine besondere Herausforderung an Verpackungsentwickler dar. Zum einen müssen die Verpackungen, wie bei anderen Produkten auch, den Schutz des Lebensmittels während der Lagerung und Distribution gewährleisten. Zum anderen werden Fertiggerichte in den Verpackungen (beispielsweise in der Mikrowelle) erhitzt und anschließend direkt aus der Verpackung verzehrt („ready-to-eat"-Verpackungen). Früher wurden für Fertiggerichte sehr häufig Aluminiumschalen verwendet. Diese sind jedoch nur im Backofen erhitzbar, da das Metall Mikrowellen abschirmt. Zunehmend werden daher Kunststoffschalen eingesetzt. Eine Besonderheit sind metallbeschichtete Kunststofffolien, so genannte Mikrowellen-Suszeptorfolien, die aufgrund ihrer Leitfähigkeit in der Mikrowelle zu lokalen Überhitzungen führen. Dadurch erhalten Produkte wie Pizzen die notwendige Rösche.

Fette und Öle

Fette und Öle sind sehr oxidationsempfindlich und müssen daher vor Sauerstoff oder Licht geschützt werden. Während Butter meist in lichtdichte aluminiumkaschierte Papiere verpackt wird, ist Speiseöl in sauerstoffdichten Glasbehältern erhältlich, jedoch zunehmend auch in PET-Flaschen. Durch Licht verursachte Oxidationsreaktionen lassen sich durch braun eingefärbte Flaschen vermindern. Margarinen und Hartfette kommen in Polystyrol-Tiefziehbehältern oder in Polyethylen-Folien in den Handel.

Fleisch und Wurst

Fleisch und Fleischerzeugnisse von der Frischtheke werden normalerweise ohne Verpackung angeboten und nur zum Transport in beschichtete Papiere oder Polyolefin-Folien verpackt. Die typisch rote Farbe von Frischfleisch entsteht erst durch Reaktion mit Sauerstoff. Die Frischfleischverpackung muss daher sauerstoffdurchlässig sein, um diese Farbe zu erhalten. Das Fleisch liegt in der Regel in Kunststoffschalen (zum Beispiel geschäumtes Polystyrol oder Polyethylenterephthalat), die mit einer dehnbaren Folie verschlossen sind. Als Folie wird häufig Weich-PVC-Folie eingesetzt, da diese eine hinreichende Sauerstoffdurchlässigkeit aufweist, gleichzeitig aber für Wasser undurchlässig ist und das Fleisch gegen Austrocknen schützt. Im Gegensatz zu Frischfleisch muss Pökelfleisch sauerstoffarm verpackt werden. Da die meisten Fleisch- und Wurstarten einen hohen Fettanteil aufweisen, werden auch Lichtbarrieren eingesetzt, um eine unerwünschte Fettoxidation zu vermeiden.

Wurst wurde traditionell in Naturdärme verpackt, die zu den ersten Verpackungen überhaupt zählten. In den vergangenen Jahrzehnten sind Därme aus Kunststoff hinzugekommen. Diese sind meist aus Polyamiden und haben oft eine Barriereschicht aus Ethylen-Vinylalkohol-Copolymer (EVOH). Haltbare Wurst wird in sauerstoff- und lichtdichte Metallkonserven verpackt. Aufschnitt kommt in Folienverpackungen mit Polystyrol-Schalen in den Handel.

Verpackung mit Schutzatmosphäre

Moderne Verpackungsentwicklungen führten in den vergangenen Jahrzehnten zu „modified atmosphere packaging" (MAP) oder „controlled atmosphere packaging" (CAP). Bei beiden besteht die Atmosphäre in der Verpackung nicht aus normaler Luft, sondern wird den Anforderungen des Lebensmittels angepasst. Wenn beispielsweise Sauerstoff zu Reaktionen mit dem Lebensmittel führt, wird beim Verpacken die Luft entweder durch Stickstoff oder Kohlendioxid ausgetauscht. Dadurch ist deutlich weniger Sauerstoff in der Verpackung enthalten. Sauerstoffempfindliche Lebensmittel wie beispielsweise Käse, Aufschnitt, frische Teigwaren, aber auch Kartoffelchips werden so verpackt. Die Verwendung von Schutzatmosphäre muss auf der Verpackung deklariert werden. Die Verpackung sorgt dafür, dass diese Schutzatmosphäre während der Lagerzeit bestehen bleibt.

Beispiel Fleisch: Einen Sonderfall bei MAP-Verpackungen stellt Fleisch dar. Ein Qualitätskriterium bei Fleisch ist das Aussehen. Die rote Farbe von Fleisch wird durch den Muskelfarbstoff Oxymyoglobin hervorgerufen. Im lebenden Organismus sorgt das dunkel gefärbte Myoglobin für den Transport von Sauerstoff aus dem Blut in die Muskelzelle. Myoglobin reagiert daher schnell und reversibel (umkehrbar) mit Sauerstoff zu Oxymyoglobin. Das erwünschte Oxymyoglobin ist daher nur unter sauerstoffreicher Atmosphäre stabil. Myoglobin kann jedoch mit Sauerstoff bei geringen Sauerstoffkonzentrationen auch irreversibel zum stabilen, braunen Metmyoglobin reagieren. Fleisch mit einem braunen Aussehen wird vom Verbraucher jedoch nicht akzeptiert. Durch Gewebsatmung während der Lagerung wird Sauerstoff verbraucht. Die Verpackung muss daher entweder Sauerstoffnachschub durch Permeation zulassen, zum Beispiel durch PVC-Dehnfolien, oder es muss beim Abpacken eine hinreichende Sauerstoffkonzentration vorhanden sein. Die modifizierte Atmosphäre besteht hierbei zu 70 bis 80 Prozent aus Sauerstoff. Diese Sauerstoffkonzentration reicht aus, um die angestrebte Farbe von Oxymyoglobin über einige Zeit zu erhalten. Bei „weißem Fleisch" (zum Beispiel Geflügel) kann die Konzentration verringert oder gänzlich auf MAP-Verpackungen verzichtet werden.

Gemüse und Obst

Gemüse und Obst kauft man häufig ohne Verpackungen. Bei einigen Gemüsearten werden Stretchfolien zur Verringerung des Feuchtigkeitsverlustes eingesetzt. Auch Tiefziehschalen aus Polyethylenterephthalat (PET), Polypropylen (PP) und Polystyrol (PS) dienen als Verkaufsverpackungen für frisches Obst.

Getränke

Der Markt für Getränkeverpackungen ist vielseitig. Säfte, Wässer, Biere, Eis-Tees, Süßgetränke, isotonische Getränke etc. werden in Glas, PET-Flaschen und Getränkekartons verpackt. Die Wahl des Packstoffs hängt hauptsächlich von den Produkteigenschaften ab. Bier und Säfte sind oxidationsempfindlich und erfordern eine sauerstoffundurchlässige Verpackung. Glasflaschen sind hier nach wie vor die beste Wahl. Für Säfte setzen die Hersteller auch Kartonverpackungen mit einer Aluminiumbarriere ein. Die Lichtdichtigkeit der Kartonverpackungen schützt die Säfte auch vor Farb- und Vitaminverlust. Der Nachteil lichtdichter Verpackungen ist jedoch, dass sie keinen Blick auf das abgefüllte Produkt ermöglichen. Kartonverpackungen sind ungeeignet für Getränke, die mit Kohlensäure abgefüllt werden, da diese die Kartons aufblähen würde. Für Bier und Süßgetränke werden auch Getränkedosen verwendet. Durch das Dosenpfand hat die Getränkedose in Deutschland stark an Bedeutung verloren. In jüngster Zeit setzen vor allem Lebensmittel-Discounter aber wieder häufiger auf Getränkedosen.

Auch bei den Verschlüssen von Getränkeverpackungen setzen die Verpackungshersteller verschiedene Materialien ein. Die Verschlüsse von Glasflaschen sind aus Aluminium, High Density Polyethylen (HD-PE) und Polypropylen (PP). Bei Kunststoffflaschen werden ausschließlich Kunststoffverschlüsse (HD-PE oder PP) eingesetzt. Getränkekartons haben mitunter Verschlüsse oder Ausgießhilfen aus HD-PE. Weinflaschen werden entweder mit Naturkork, Kunststoffkorken, Schraubverschlüssen oder Glasstopfen auf den Markt gebracht.

Getreide und Getreideprodukte

Getreide enthalten sehr wenig Fett. Daher ist der schädigende Einfluss von Sauerstoff weniger zu befürchten. Die Verpackung der Wahl für Getreideprodukte wie Mehl ist daher nach wie vor Papier. Es muss jedoch gewährleistet sein, dass die Produkte trocken gelagert werden. Müslis werden in Kunststofffolien verpackt, denn diese bieten eine bessere Aromadichtigkeit, lassen also Aroma- oder Riechstoffe schwerer durchtreten. Müsliriegel werden in Verpackungen aus „orientiertem" Polypropylen (OPP) verpackt, die eine hinreichende Sauerstoffbarriere und Schutz vor Austrocknen bieten sowie zusätzlich leicht zu öffnen sind.

Gewürze und Aromen

Gewürze und Aromen enthalten Substanzen, die sich leicht verflüchtigen. Die Verpackungsmaterialien müssen daher den Verlust dieser qualitätsrelevanten Substanzen minimieren. Sowohl das Einwandern in die Verpackung (Sorption) als auch das Durchdringen (Permeation) müssen vermieden werden. Zudem sind Gewürze feuchteempfindlich, deshalb verpackt man sie in polyethylenbeschichtete Kartons, Glas oder Kunststofffolien beziehungsweise -behälter.

Kaffee, Kakao, Tee, Instantkaffee

Kaffee ist sauerstoffempfindlich und unterliegt aufgrund seines Fettanteils schnell Oxidationsreaktionen. Verhindert werden kann dies durch sauerstoff- und lichtdichte Verpackungen. Weiterhin muss das Eigenaroma des Kaffees erhalten bleiben. Die Verpackung der Wahl sind daher Folien, die in der Regel mit Aluminium kaschiert sind. Gemahlener Kaffee wird oft auch unter Vakuum in aluminiumkaschierte Verpackungen abgepackt. Tees sind aufgrund des fehlenden Fettanteils nicht ganz so oxidationsempfindlich und können auch in Kartons oder Papiertüten verpackt werden. Aber auch sie benötigen eine Aromabarriere, um das Eigenaroma zu bewahren. Dies wird durch eine Kunststofffolie erreicht. Kakao wird häufig noch in beschichteten Tüten verpackt. Kaffee- und Kakao-Instantgetränke sind in Gläsern oder aluminiumbeschichteten Kartondosen auf dem Markt. Portionspackungen sind in Folien, Kaffeepads in Foliendosen verpackt.

Konserven

Konserven werden sterilisiert, wobei die Verpackung den Verlust von Wasser sowie von produkttypischen Geruchs- und Geschmacksstoffen verhindern muss. Daher werden für Konserven Dosen aus Weißblech beziehungsweise Gläser verwendet, die nahezu keine Permeation zeigen und den thermischen Belastungen während der Sterilisation standhalten. Bei Dosen ist die Lichtdichtheit zusätzlich von Vorteil.

Milch und Molkereiprodukte

Bei den Milchprodukten handelt es sich um unterschiedliche Produkte, die auch sehr unterschiedliche Verpackungslösungen benötigen. Frischmilch, H-Milch und Sahne werden in beschichtete Karton-Verpackungen abgefüllt. Die Einwirkung von Licht führt bei Milch und Milchprodukten zum so genannten „Lichtgeschmack“ und zum Vitaminabbau. In den lichtdichten Karton-Verpackungen sind diese Reaktionen unterbunden. Im Gegensatz zu Saft- und H-Milch-Kartons fehlt bei Frischmilchkartons die Aluminiumschicht, da eine Sauerstoffbarriere bei Frischmilch aufgrund der kurzen Verbrauchszeiten nicht erforderlich ist. Kaffeesahne wird traditionell in Metallbüchsen abgefüllt, aber auch in kleinen Kännchen aus PP oder HD-PE. Trinkjogurts, Molkedrinks und Milchdrinks werden traditionell in PS- und PP-Bechern verpackt. Zunehmend kommen diese Produkte aber auch in Flaschen (PET, HD-PE) auf den Markt. Flaschen haben gegenüber den Bechern den Vorteil, dass sie sich wieder verschließen lassen und dass man aus ihnen leichter trinken kann. Bei Bechern wird fast ausschließlich eine Aluminiumfolie als Verschluss eingesetzt. Jogurt wird in PS- und PP-Bechern und in größeren Gebinden (0,5 Liter) auch in Glas (Mehrweg) verpackt. Für noch größere Gebinde werden Eimer aus PP oder HD-PE eingesetzt. Wie Jogurt wird auch Frischkäse in PS- und PP-Bechern abgepackt. Der durchsichtige Deckel ist dabei meist aus PET. Käse und Käseaufschnitt werden in Folien verpackt, häufig kommen auch geschäumte Träger oder Tiefziehschalen zum Einsatz, die eine bessere Produktpräsentation ermöglichen. Käse wird häufig unter Schutzatmosphäre verpackt. Käse aus dem Frischsortiment gelangt in der Regel in Stretchfolien eingewickelt oder in Tiefziehverpackungen zum Verbraucher.

Tipp:
Lebensmittel, wie zum Beispiel Milch oder Speiseöl, aber auch Mineralwasser können bei Lagerung in Licht Fehlaromen ausbilden. Die Verpackung mindert den unerwünschten Einfluss von Licht, kann ihn aber nicht vollständig beseitigen. Verpackte Lebensmittel sollten daher lichtgeschützt gelagert werden.

Säuglingsnahrung

Säuglings- und Kleinkindernahrung ist besonderen hygienischen Anforderungen unterworfen. Säuglingsnahrung wird daher meist in der Verpackung erhitzt, um diese keimfrei zu machen. Für flüssige beziehungsweise halbfeste Säuglingsnahrung kommen daher sterilisierbare Gläser mit einem Verschluss aus Weißblech infrage. Pulverförmige Nahrung muss zusätzlich gegen Feuchte geschützt sein, damit das Produkt nicht verklumpt. Hier werden Kartondosen mit Aluminiumschicht beziehungsweise Kunststoffbeutel mit Wasserdampfbarriere – meist Aluminium – verwendet. Die lichtdichte Aluminiumschicht schützt zusätzlich gegen Vitaminabbau beziehungsweise gegen Sauerstoffeintrag und Oxidation.

Schokolade und Schokoladenprodukte

Aufgrund des hohen Zuckergehalts sind Schokoladenprodukte relativ lange haltbar. Primärpackmittel für Tafelschokolade sind dünne Aluminiumfolien, die jedoch zunehmend durch beschichtete oder metallbedampfte Kunststofffolien (OPP, PET) ersetzt werden. Papier und Karton sind ebenfalls häufig als Verpackungsmaterial anzutreffen, jedoch meist als Umverpackung in Kombination mit anderen Packstoffen. Papiere werden zum Beispiel beschichtet, um eine hinreichende Fettdichtigkeit zu erreichen. Pralinen verpackt man meist in Tiefziehschalen (PET, PP, PS), die einen mechanischen Schutz bieten und der Präsentation dienen.

Senf, Meerrettich, Ketchup und Dressings

Für Senf und Meerrettich sind nach wie vor die traditionellen Materialien Glas und Metalltuben die Verpackung der ersten Wahl. Es sind jedoch auch Kunststoffverpackungen (zum Beispiel PET-Kopfstehflaschen) auf den Markt. Die traditionellen Glasflaschen für Ketchup sind zwischenzeitlich zu einem großen Teil durch Kunststoffflaschen verdrängt worden. Diese werden aus HD-PE hergestellt und enthalten oftmals eine Barriereschicht aus Ethylen-Vinylalkohol-Copolymer (EVOH).

Snacks

Das Frittieren von Kartoffelerzeugnissen erfolgt immer mit Fett. Daher sind die Produkte oxidationsempfindlich und müssen möglichst lichtdicht und sauerstoffarm verpackt werden. Für Chips und andere Snacks kommen mit Aluminium beschichtete Folien infrage, meist ohne Sauerstoff unter Schutzatmosphäre verpackt. Die etwas aufgeblähte Snack-Verpackung schützt das empfindliche Produkt zusätzlich gegen Bruch. Nüsse kommen in Aluminiumdosen oder aluminiumbeschichteten Folien in den Handel.

Speiseeis

Bei Verpackungen für Tiefkühl-Speiseeis gilt es den Wasserverlust zu minimieren, da dieser die kremige Speiseeis-Emulsion stören würde. Weiterhin ist der Luftraum in der Verpackung möglichst gering zu halten, da dort Wasser aus dem Speiseeis ausfrieren und zur unerwünschten Kristallbildung führen könnte. Fetthaltige Speiseeissorten müssen weiterhin gegen Licht geschützt sein, damit keine Oxidation auftritt. Größere Behältnisse (1 Liter beziehungsweise 1,5 Liter) für Speiseeis gibt es aus beschichtetem Karton oder aus Kunststoff. Letztere können aus PS, geschäumtem PS oder PP hergestellt sein. Für Portionsverpackungen (Eis am Stiel) werden dagegen hauptsächlich OPP-Folien eingesetzt. Sie ermöglichen einen hinreichenden Schutz sowie ein leichtes Aufreißen der Verpackung.

Suppen und Soßen

Trockensuppen benötigen Verpackungen mit einer Feuchtebarriere. Aufgrund des hohen Fettgehalts sind ebenso meist Sauerstoffbarrieren erforderlich. Tütensuppen werden daher vorwiegend in aluminiumkaschierte Kunststofffolien verpackt. Fertigprodukte lassen sich in Weißblechdosen oder aluminiumkaschierte Standbodenbeutel abfüllen. Für Soßen finden dagegen häufig Kartonbehälter mit einer Aluminiumschicht oder Weithalsgläser Verwendung. Für Brühwürfel verwendet man als Primärverpackung Aluminiumfolie. Ebenfalls auf dem Markt sind Suppen (Terrinen), die in der Verpackung mit kochendem Wasser aufgegossen und unmittelbar aus der Verpackung verzehrt werden können. Hier kommen PP-Becher mit einer Aluminiumfolie zum Einsatz.

Teigwaren

Bei getrockneten Teigwaren haben sich Folienverpackungen oder Kartons – oftmals mit Sichtfenster – durchgesetzt. Sie schützen die Teigwaren vor Feuchtigkeit, verhindern jedoch auch weiteres Austrocknen. Frische Teigwaren werden häufig in Tiefziehschalen (PS, PP, PET) mit Kunststoffsiegelfolie verpackt, oftmals unter Schutzatmosphäre. Frische Teigwaren haben allerdings eine deutlich geringere Haltbarkeit als die getrockneten Teigwaren.

Tiefkühlkost

Für Fisch und Fertiggerichte wie Pizzen setzt man beschichtete Kartonverpackungen ein, manchmal auch Aluminiumschalen, um das direkte Erwärmen in der Verpackung zu ermöglichen. Für Tiefkühlgemüse werden vor allem beschichtete Kartonverpackungen, PE-Folien oder Verbundfolienbeutel verwendet.

Zucker, Honig, Konfitüren und Süßwaren

Bei Honig und Konfitüren werden hauptsächlich Glasbehälter eingesetzt. Papier ist dagegen das bevorzugte Packmittel für rieselfähigen Zucker. Bei Süßwaren wie Bonbons finden sowohl Papier- wie auch Folienzuschnitte Verwendung.

Lebensmittelrechtliche Konformität

Grundlagen für die Überprüfung der lebensmittelrechtlichen Konformität einer Verpackung sind das deutsche Lebensmittel- und Futtermittelgesetzbuch (LFBG) sowie die europäische Richtlinie EG/1935/2004: „Materialien und Gegenstände, einschließlich aktiver und intelligenter Materialien und Gegenstände, sind nach guter Herstellungspraxis so herzustellen, dass sie unter den normalen oder vorhersehbaren Verwendungsbedingungen keine Bestandteile auf Lebensmittel in Mengen abgeben, die geeignet sind, a) die menschliche Gesundheit zu gefährden oder b) eine unvertretbare Veränderung der Zusammensetzung der Lebensmittel herbeizuführen oder c) eine Beeinträchtigung der organoleptischen (geruchlichen und geschmacklichen) Eigenschaften der Lebensmittel herbeizuführen".

Im Sinne des Verbraucherschutzes sollte bei Lebensmittelverpackungen überhaupt kein Übergang (Migration) von Verpackungsinhaltsstoffen in das Lebensmittel stattfinden (siehe Seite 32, Wechselwirkungen zwischen Lebensmittel und Verpackung: Migration und Permeation). Dieses Ideal wird jedoch von keinem der heute bekannten Verpackungsmaterialien erreicht. Daraus ergibt sich zwangsläufig im Sinne eines vorbeugenden gesundheitlichen Verbraucherschutzes die Notwendigkeit, über gesetzliche Regelungen die Migration gesundheitlich unbedenklicher Substanzen auf ein minimales, unvermeidliches Ausmaß zu beschränken.

Auf Gemeinschaftsebene (EU) wird der Gesetzgeber durch ein Expertengremium unterstützt, um die gesetzlichen Regelungen zur Migration an dem neuesten wissenschaftlichen Kenntnisstand auszurichten. In Deutschland werden von der Bedarfsgegenständefkommission" beim Bundesinstitut für Risikobewertung (BfR), die in regelmäßigen Abständen tagt, Empfehlungen erarbeitet. Der Gesetzgeber muss neuen Verpackungsentwicklungen, wie zum Beispiel den „aktiven Verpackungen", wie auch neuen wissenschaftlichen Erkenntnissen laufend Rechnung tragen (siehe Seite 43, Neue Verpackungstechnologien). Zudem schreitet der europäische Harmonisierungsprozess voran, der ebenso immer wieder Anpassungen der nationalen Gesetzgebung erfordert.

Typische Lebensmittelkontaminanten aus der Verpackung sind organisch-chemische Substanzen, Metalle oder Metallverbindungen. Die wichtigsten Verbindungen umfassen die Ausgangsprodukte für die Polymere sowie Verarbeitungshilfsstoffe für die Herstellung (siehe Seite 36, Rückstände aus Verpackungen).

Typische Lebensmittelkontaminanten sind beispielsweise:

- monomere Ausgangsstoffe für die Packstoffe oder deren Beschichtungen,
- Katalysatoren und Initiatoren,
- Antioxidantien, UV-Stabilisatoren,
- Weichmacher,
- Gleitmittel, Antistatika und andere Verarbeitungshilfsstoffe.

Darüber hinaus kann die Kontamination von Lebensmitteln auch von außen erfolgen, indem Substanzen aus der Umwelt die Verpackung durchdringen (permeieren) und sich im Lebensmittel anreichern. Die Migration von toxikologisch relevanten Substanzen sowie von qualitätsmindernden Geruchs- oder Geschmacksstoffen aus der Verpackung in das Füllgut muss daher überwacht werden (siehe Seite 39, Sensorische Bewertung von verpackten Lebensmitteln).

Verantwortlich für die lebensmittelrechtliche Konformität der Verpackung ist der Hersteller oder Inverkehrbringer. Nach der 15. Veränderung der so genannten Bedarfsgegenständeverordnung (einer Umsetzung unter anderem der EG-Richtlinie 2002/72/EG über Materialien und Gegenstände aus Kunststoff, die dazu bestimmt sind, mit Lebensmitteln in Berührung zu kommen) dürfen Lebensmittelbedarfsgegenstände aus Kunststoff nur noch in den Verkehr gebracht werden, wenn ihnen eine schriftliche Erklärung in deutscher Sprache beigefügt ist. Den zuständigen Behörden sind zudem auf Anfrage Unterlagen über die ermittelten Ergebnisse und eine Beschreibung der Prüfbedingungen, Berechnungen und sonstigen Analysen zu übermitteln.

Wechselwirkungen zwischen Lebensmittel und Verpackung: Migration und Permeation

Das System Lebensmittel/Verpackung ruht nicht. Nahezu jedes Lebensmittel tritt in Wechselwirkung mit dem Packstoff, so dass es zum Übergang (Migration) von Polymerinhaltsstoffen aus der Verpackung in das Füllgut kommen kann. Diese Wechselwirkungen sollen bei Verpackungen im Sinne des gesundheitlichen Verbraucherschutzes jedoch auf ein Mindestmaß reduziert werden. Trotz der angestrebten Minimierung der Migration können die organoleptischen (geruchlichen beziehungsweise geschmacklichen) Eigenschaften und die Zusammensetzung des Lebensmittels durch Übergang von Verpackungsinhaltsstoffen verändert werden. Entscheidenden Einfluss auf den Übergang von Substanzen aus der Verpackung haben das Lebensmittel und das Verpackungsmaterial selbst. Bei längerer Lager-

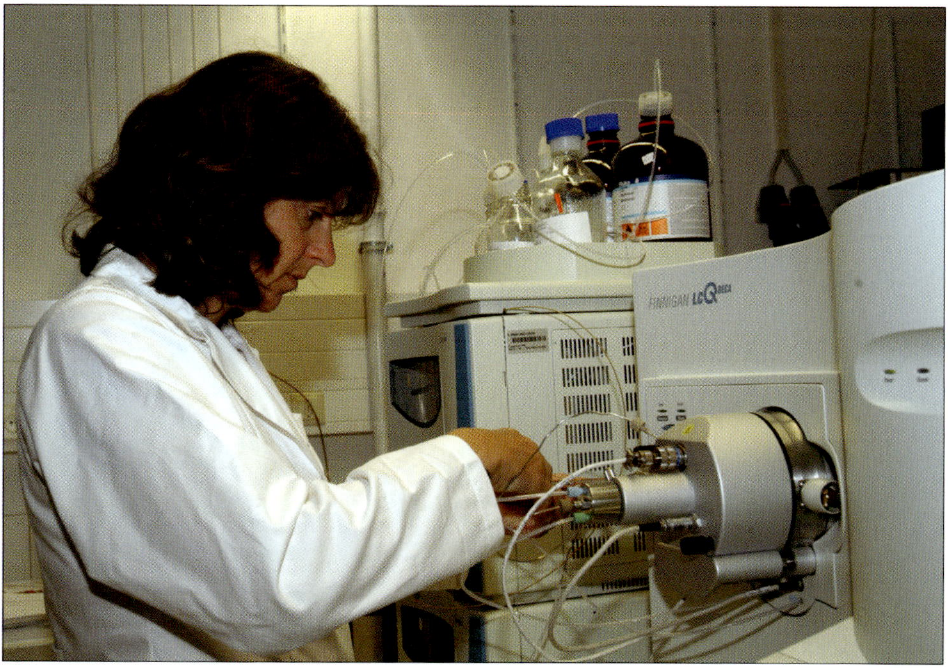

Bestimmung von Additiven in Verpackungen mittels Hochdruckflüssigkeitschromatografie

zeit stellt sich für eine Substanz (zum Beispiel ein Additiv) ein Gleichgewicht zwischen der Konzentration in der Verpackung und im Lebensmittel ein.

Aufgrund der guten Löslichkeit organischer Substanzen in fetthaltigen Lebensmitteln ist die Migration dort sehr viel höher als bei wässrigen Lebensmitteln. Auf der Packstoffseite ist die Konzentration von Additiven oder Nebenprodukten aus der Herstellung der Grundmaterialien, wie zum Beispiel Monomere, und die Mobilität der Substanzen im Polymer (Diffusion) von entscheidender Bedeutung. Bei Polymeren mit hohen Konzentrationen an Additiven und hoher Diffusionstendenz entsteht zwangsläufig ein hohes Migrationspotenzial. Es gibt Verpackungsmaterialien mit sehr niedriger Diffussionstendenz wie PET, PEN, Hart-PVC oder auch PS. Durch die geringe Beweglichkeit der Additive in diesen Polymeren ist die Migration hier zwangsläufig gering. Materialien mit höherer Diffusionstendenz wie LD-PE, HD-PE und PP zeigen dagegen ein deutlich höheres Migrationspotenzial. Weich-PVC hat zusätzlich einen sehr hohen Weichmacheranteil, so dass hier ein sehr hohes Migrationspotenzial besteht.

Weiterhin spielt die Molekülgröße eine Rolle: Je kleiner ein Molekül ist, desto leichter kann es sich im Packstoff bewegen und entsprechend höher ist auch die Migration. Ganz entscheidend sind jedoch die Lagerbedingungen. Je länger ein

Bestimmung der Migration mittels Migrationsmesszelle

Lebensmittel in der Verpackung gelagert wird, desto höher ist die Migration. Oder umgekehrt ausgedrückt: Je kürzer der Weg vom Abpacken bis zum Verbraucher gehalten wird, desto geringer ist bei einem Verpackungstyp der Übergang von Substanzen aus der Verpackung in das Lebensmittel. Ebenso hat die Lagertemperatur einen Einfluss: Kühl gelagerte Produkte zeigen eine geringere Migration als Produkte, die bei Raumtemperatur gelagert oder gar in der Verpackung erhitzt werden.

Alles in allem ist die Migration ein sehr komplexes System, dessen Ausmaß für den Verbraucher nur schwer abschätzbar ist. Dennoch folgt die Migration grundlegenden Prinzipien, die es ermöglichen, die Exposition des Verbrauchers durch Substanzen aus der Verpackung vorherzusehen. Überwachungsämter, Verbraucherschutzorganisationen, Forschungseinrichtungen und nicht zuletzt die Packmittelhersteller und Abpacker selbst können durch vielfältige Möglichkeiten die lebensmittelrechtliche Konformität eines Packmittels bestimmen und so für eine möglichst geringe Exposition des Verbrauchers mit Substanzen aus der Verpackung sorgen.

Extraktion von Packstoffen

Wechselwirkungen Verpackung/Lebensmittel, Migration und Permeation

Rückstände aus Verpackungen

Im Vergleich zu Lebensmittelskandalen (Dioxin, Gammelfleisch) sind Beanstandungen von Substanzen aus Verpackungen sehr viel seltener. Dennoch werden immer wieder Substanzen, die im Lebensmittel nachgewiesen wurden, mit Verpackungen in Verbindung gebracht.

Bisphenol A

Bei Bisphenol A handelt es sich um eine Ausgangssubstanz für die Herstellung von Polycarbonat-Kunststoffen und Kunstharzen. Bisphenol A kann daher in Babyfläschchen, Trinkbecher, Plastikgeschirr oder auch in der Innenbeschichtung von Konservendosen vorkommen. Die Substanz hat eine geringe akute Giftigkeit und es gibt keine Hinweise auf eine krebsauslösende Wirkung. Bisphenol A gehört aber zu einer Gruppe von Substanzen, die hormonähnlich (östrogen) wirken können. Für Bisphenol A wurde auf europäischer Ebene ein „TDI-Wert“ (tolerable daily intake) von 0,05 Milligramm pro Kilogramm Körpergewicht (das sind 3,0 Milligramm für einen 60 Kilogramm schweren Menschen) festgelegt. Dieser Wert beziffert die Menge, die ein Mensch ein Leben lang täglich aufnehmen kann, ohne dass unerwünschte gesundheitliche Wirkungen auftreten und beinhaltet einen Sicherheitsfaktor von 100. PET-Flaschen enthalten kein Bisphenol A.

Bisphenol-A-Diglycidylether (BADGE)

Bisphenol-A-Diglycidylether wurde als Ausgangstoff für die Innenbeschichtungen von Dosen verwendet. BADGE hat sich in Zellkulturtests als erbgutverändernd erweisen. Im Tierversuch zeigten sich jedoch keine Anhaltspunkte für eine Schädigung der Erbsubstanz.

Diethylhexylphthalat (DEHP)

Diethylhexylphthalat wurde als Weichmacher in PVC-Verpackungen eingesetzt. Im Tierversuch zeigten sich Hinweise, dass DEHP krebserzeugende und fruchtbarkeitbeeinträchtigende Wirkung hat. Heutzutage ist DEHP bei kritischen Produkten, wie fetthaltige Lebensmittel, weitgehend durch andere Verbindungen wie Diethylhexyladipat (DEHA) ersetzt.

Epoxidiertes Sojabohnenöl (ESBO)

Epoxidiertes Sojabohnenöl wird als Weichmacher in Innendichtungen von Metallverschlüssen eingesetzt und kann in das Lebensmittel migrieren. ESBO ist aber nicht krebserregend und nicht gentoxisch.

2-Ethylhexansäure (2-EHA)

2-Ethylhexansäure wurde eher zufällig im Lebensmittel entdeckt und migrierte aus Flaschenverschlüssen. 2-EHA ist im Tierversuch bei hoher Dosierung fruchtschädigend. Es wird aufgrund von Rezepturumstellungen heute praktisch nicht mehr eingesetzt. Das Bundesinstitut für Risikobewertung (BfR) hat Werte unterhalb von 0,6 Milligramm pro Kilogramm Lebensmittel als unbedenklich eingestuft.

ITX

Bei ITX handelt es sich um die Substanz Isopropylthioxanthon, die als Fotoinitiator bei Druckfarben verwendet wird. Im Jahr 2005 wurde diese Substanz in Milch und Fruchtsäften gefunden, welche in Getränkekartons verpackt waren. Obwohl nur die Außenseite der Getränkekartons bedruckt wird, kann es bei unvollständiger Härtung der Druckfarben vor dem Befüllen zu einem Übergang auf die Innenseite des Getränkekartons kommen. Die Europäische Behörde für Lebensmittelsicherheit (EFSA) betrachtet einen Übergang von 50 Mikrogramm ITX pro Kilogramm Lebensmittel als gesundheitlich unbedenklich.

Mineralöl

Mineralöl kann über Recyclatkarton, welcher Zeitungspapier enthält, in das Lebensmittel gelangen. Das Mineralöl gelangt über die Druckfarbe in das Altpapier. Das Bundesinstitut für Risikobewertung kann derzeit keine Risikobewertung vornehmen, da die Datenlage zu gering ist. Die Kontamination kann minimiert werden, wenn die Lebensmittel, die besonders empfindlich für den Übergang von Mineralöl sind, in einen Innenbeutel gefüllt werden, der undurchlässig für diese Stoffe ist oder wenn für Lebensmittelverpackungen keine recyclierten Papiere mehr verwendet würden.

Nonylphenol

Nonylphenol entsteht als Abbauprodukt von Additiven und wurde vor etwa 15 Jahren in Mineralwasserverschlüssen gefunden. Es steht im Verdacht hormonähnliche (endokrine) Wirkung zu haben. Das Bundesinstitut für Risikobewertung rät von Additiven ab, aus denen Nonylphenol als Nebenprodukt entstehen kann.

Semicarbazid

Semicarbazid bildet sich als Abbauprodukt des Treibmittels Azodicarbonamid und entsteht beim Aufschäumen von Dichtungen für Metallverschlüsse. Im Tierversuch wirkte es schwach krebserregend und gentoxisch. Azodicarbonamid ist gemäß EG-Richtlinie 2004/1/EG der Kommission ab August 2005 im Verpackungsbereich nicht mehr zugelassen. Diese Richtlinie ist national in der Bedarfsgegenständeverordnung umgesetzt.

Trichloranisol

Trichloranisol ist für den Korkgeschmack in Wein verantwortlich. Es entsteht durch mikrobielle Aktivität in Naturkork und migriert dann in den Wein. Trichloranisol gehört zu den Substanzen mit den niedrigsten Geschmacks- und Geruchsschwellen überhaupt. Aufgrund dieser sehr niedrigen Wahrnehmungswerte sind die Konzentrationen im Lebensmittel äußerst gering und somit für die Gesundheit nicht relevant. Jahr für Jahr entstehen große wirtschaftliche Schäden, wenn durch den Korkgeschmack Weine ungenießbar werden.

Hormonell wirksame Substanzen

Immer wieder werden Substanzen aus Lebensmittelverpackungen mit hormonähnlichen Wirkungen in Beziehung gebracht. Zuletzt im Jahr 2009 durch eine Studie an der Universität Frankfurt bei Mineralwasser in PET-Flaschen. Von Stoffen wie dem Weichmacher DEHP, Bisphenol A oder Nonylphenol ist bekannt, dass sie aufgrund von hormonähnlichen Eigenschaften negative Auswirkungen auf die Nachkommen haben können. Diese Substanzen sind jedoch in PET-Flaschen nicht vorhanden. Das Bundesinstitut für Risikobewertung (BfR) kommt daher zum Schluss, dass die Ergebnisse keinen Rückschluss auf die Herkunft derartiger hormonell wirkender Substanzen aus PET-Flaschen zulassen.

Sensorische Bewertung von verpackten Lebensmitteln

Aus der Verpackung dürfen keine Substanzen übergehen, welche die geruchlichen oder geschmacklichen Eigenschaften des Lebensmittels negativ beeinflussen können. Im Gegensatz zur Migration (siehe Seite 32) kommen für die sensorische Bewertung zusätzlich der Eigengeschmack des Lebensmittels sowie die Empfindlichkeit des Menschen auf verschiedene Aromasubstanzen hinzu. Es sind Substanzen bekannt, die bereits in geringsten Konzentrationen für den Menschen wahrnehmbar sind. Die Migration dieser Substanzen in das Lebensmittel ist dabei zwar sehr gering, trotzdem kommt es zur Ausbildung eines Fehlaromas im Lebensmittel. Die sensorischen Eigenschaften eines Packstoffs müssen daher überwacht werden.

Entscheidend für den Verbraucher ist letztlich der Geschmack des verpackten Lebensmittels. Oftmals wird jedoch der Packstoff entwickelt und bewertet, bevor Lebensmittel darin verpackt werden. Nur so kann die Eignung des Packstoffs bei Produktneuentwicklungen schon in einer frühen Phase bewertet werden. Da der Packstoff jedoch selbst nicht verkostet werden kann, wird vielmehr der Übergang in die Umgebung unter simulierten Lagerbedingungen getestet. Hierzu wird eine definierte Menge beziehungsweise Fläche des Packstoffs in ein leeres Prüfglas gegeben. Nach etwa einem Tag wird das Glas geöffnet und von trainierten Prüfern

Für die Geruchsprüfung vorbereitete Getränkekartons

Sensorik-Panel

„abgerochen". Bewertet werden der Geruchseindruck und dessen Intensität. Sind die Prüfer der Auffassung, dass die Intensität einen bestimmten Wert überschreitet, ist die Verpackung sehr wahrscheinlich für Lebensmittel ungeeignet.

Der Übergang geruchsaktiver Substanzen auf Lebensmittelsimulantien wird ebenfalls bewertet. Dazu werden Wasser, Milchzucker (Laktose) als Simulanz für trockene Füllgüter sowie geraspelte Schokolade für fetthaltige Füllgüter verwendet. Bei Lebensmittelsimulantien wird der Geschmacksunterschied zu einer Referenz ohne Packstoffkontakt bewertet. Die Lebensmittelsimulantien verfügen über einen geringen Eigengeschmack und eine große aktive Oberfläche. Das vereinfacht dem Prüfer die Wahrnehmung von geruchsaktiven Substanzen aus der Verpackung. Weiterhin sind sie gegenüber ungünstigsten Lagerbedingungen wie erhöhter Temperatur oder ausgedehnter Lagerzeit stabil. Frischmilchverpackungen können so zum Beispiel bei Raumtemperatur über einen sehr langen Zeitraum, das heißt unter den ungünstigsten vorstellbaren Bedingungen, bewertet werden. Mit dem Originalfüllgut Milch wäre dies nicht möglich. Dies gibt der Molkerei die notwendige Sicherheit, eine gute, geschmacksneutrale Verpackung zu verwenden.

Tritt nun ein Fehlaroma im Lebensmittel auf, stellt sich zwangsläufig die Frage nach der Identität der verursachenden Substanz beziehungsweise nach deren Konzentration im Lebensmittel. Die gleiche Frage stellt sich bei gelegentlich auftretenden Reklamationsfällen, bei denen das Lebensmittel oder die Verpackungsmaterialien ein Fehlaroma aufweisen. Bei Lebensmitteln sind Fehlaromen der weitaus häufigste Grund für Reklamationen. Hierbei gilt es zu klären, ob das Fehlaroma durch den Packstoff (unsachgemäße Herstellung, Lösemittel usw.), durch das Lebensmittel (unsachgemäße Lagerung, Transport, Verderb) oder durch eine Kombination von beiden Ursachen hervorgerufen wurde. Zur Klärung der Identität von Fehlaromen bedient man sich moderner Hochleistungsanalytik. Gasproben oder Lösemittelextrakte werden als Gemisch in einen so genannten Gaschromatografen injiziert und in die Einzelsubstanzen aufgetrennt. Zunächst vergleicht man die erhaltenen Substanzmuster sensorisch auffälliger Proben mit einer unauffälligen Referenzprobe. Werden hierbei zusätzliche Substanzen sichtbar, liefern diese wertvolle Hinweise auf die Ursache des Fehlaromas.

Massenspektrometer

Nicht immer führt jedoch diese Vorgehensweise zum Erfolg, da viele sensorisch aktive Substanzen außerordentlich niedrige Geschmacks- beziehungsweise Geruchsschwellen aufweisen können und analytisch schwer zu erfassen sind. Hier kommt die Kombination zwischen Hochleistungsanalytik und Mensch ins Spiel. Statt des Detektors „schnüffeln" trainierte Tester das in die Einzelkomponenten aufgetrennte Substanzgemisch und beschreiben in Echtzeit den Geruchseindruck einer Substanz und deren Intensität. Diese Tätigkeit erfordert viel Erfahrung und Übung.

Aus diesen Messungen wird zunächst die Laufzeit (Retentionszeit) der Fehlaromasubstanz durch den Gaschromatografen erfasst. Weiterhin ergibt sich, ob eine oder mehrere Substanzen am Fehlaroma beteiligt sind. Sind die Störstoffe bekannte chemische Substanzen, kann die Identifizierung im Vergleich mit einem Standard über die Zeit und den Geruchscharakter bestätigt werden. Moderne Analysegeräte wie Massenspektrometer liefern zusätzliche Informationen über die Substanzen. Letztlich sind die Ursachen eines Fehlaromas nur durch die Kombination von Mensch und moderner Hochleistungsanalytik möglich.

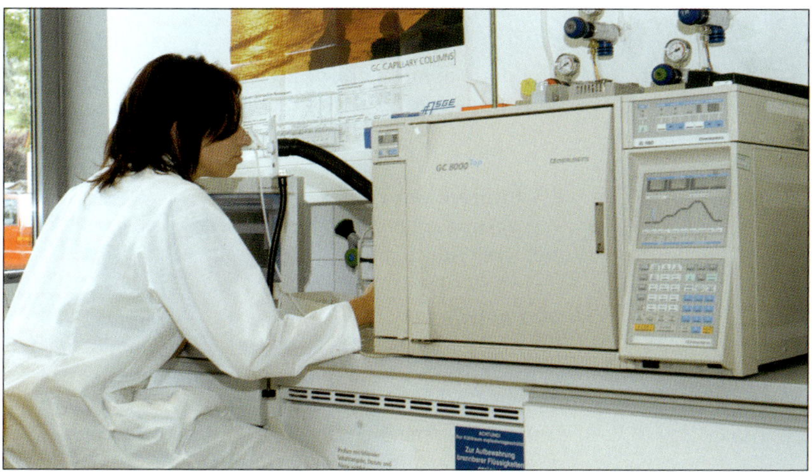

Abriechen am Gaschromatograf

Verpackungssymbole

Verschiedene Symbole werden im Verpackungsbereich zur Kennzeichnung eingesetzt. Eine Deklarierung ist aber nicht verpflichtend. Folgende Symbole sieht man häufig:

Pfeildreieck mit 1 oder PET:
Verpackung aus Polyethylenterephthalat.

Pfeildreieck mit 2 oder HD-PE oder PE-HD:
Verpackung aus Polyethylen hoher Dichte.

Pfeildreieck mit 3 oder V:
Verpackung aus Polyvinylchlorid (PVC).

Pfeildreieck mit 4 oder LD-PE oder PE-LD:
Verpackung aus Polyethylen niederer Dichte.

Pfeildreieck mit 5 oder PP:
Verpackung aus Polypropylen.

Pfeildreieck mit 6 oder PS:
Verpackung aus Polystyrol.

Pfeildreieck mit 7 oder 0:
Verpackung aus anderen Kunststoffen oder mehreren Kunststoffen gleichzeitig.

Glas und Gabel:
Der Kunststoff eignet sich für den Lebensmittelkontakt. Dieses Zeichen wird weniger für Verpackungen eingesetzt (da diese per Definition für den Lebensmittelkontakt geeignet sein müssen!), sondern eher für Vorratsdosen, Kunststoffgeschirr, Folien und Tüten.

NEUE VERPACKUNGSTECHNOLOGIEN

Die Verpackungs- und Lebensmittelindustrie forscht intensiv an neuen Technologien, um Lebensmittel noch frischer und mit weniger Konservierungsstoffen anbieten zu können. Eine große Zahl an Produktinnovationen gibt es bei so genannten „aktiven“ und „intelligenten“ Verpackungen, die den Qualitätszustand des Produktes anzeigen oder das Lebensmittel „aktiv“ in der Verpackung beeinflussen können.

Intelligente Verpackungen (smart packaging)

Intelligente Verpackungen geben Auskunft über den Qualitätszustand des verpackten Lebensmittels. Sie sollen den gesamten „Lebensweg“ des Produkts während der Distributionsphase aufzeichnen und so zum Beispiel anzeigen, ob ein Tiefkühlprodukt während des Transports zu warm wurde. Erprobt werden auch Flaschen, die ihre Farbe ändern, wenn ihr Inhalt nicht mehr gut ist.

Intelligente Verpackungen enthalten zum Beispiel:

- Frische-Indikatoren: Sauerstoff-Indikator zeigt Beschädigung der Verpackung an, Schwefeldioxid-Indikator weist auf Fleischverderb hin,
- Temperatur-Indikatoren: Etiketten mit voreingestellten Temperaturwerten verfärben sich bei Überschreitung der Temperatur irreversibel,
- TTI-System (Time Temperatur Indicator System): Indikator ändert sich mit fortschreitender Zeit und Überschreitung der idealen Temperatur und macht den Frischezustand von Lebensmitteln ablesbar (siehe Abbildung),
- Funkchips: speichern Herstellungs- und Abfülldatum; auf dem Chip können weitere Informationen gespeichert werden (siehe Kasten auf Seite 44).

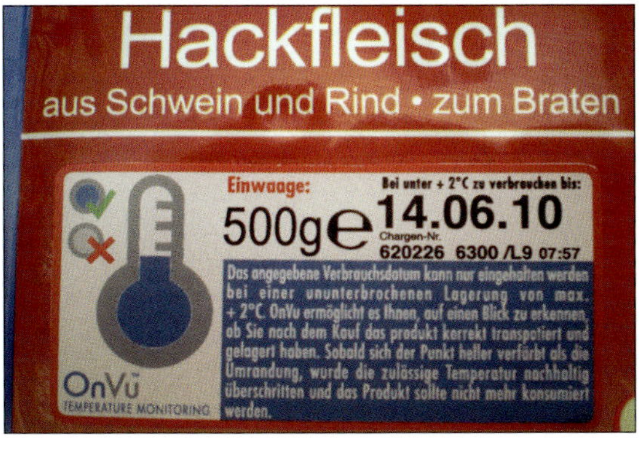

Zeit-Temperatur-Indikator-Etikett
(TTI-System auf einer Fleischverpackung)

Funkchips (RFID-Chips)
Eine Neuentwicklung sind die so genannten RFID-Chips in Verpackungen. RFID steht für „Radio Frequency Identification" und kann für die Identifizierung von Gegenständen aller Art verwendet werden. Auf Verpackungen können millimetergroße Funkchips („Tags") aufgeklebt oder in die Verpackung integriert werden. Diese können dann über einige Entfernungen geortet und erkannt werden. Damit könnten sich ganze Supermärkte vollständig automatisieren lassen: Der Kunde legt die Waren in seinen Einkaufswagen. Diese werden sofort vom Einkaufswagen registriert. Ein Display am Einkaufswagen zeigt jeweils die darin befindlichen Waren, den Preis und die zu bezahlende Summe an. Geht der Kunde zur Kasse, wird der Gesamtbetrag der im Einkaufswagen befindlichen Waren von der EC- oder Kreditkarte abgebucht, ohne dass die Waren nochmals aus dem Wagen geholt werden müssen. Nach dem Bezahlen werden die Produkte aus dem Warenbestand gebucht. Die verantwortlichen Mitarbeiter des Supermarktes können jederzeit den Regalbestand abrufen und gegebenenfalls nachbestellen. Ladendiebstähle sind nicht mehr möglich, da die Waren auch geortet werden können, wenn sie nicht im Einkaufswagen liegen, sondern in der Tasche versteckt werden. Grundsätzlich müssen derartige Sicherheitsmerkmale folgenden Anforderungen entsprechen: sie müssen preislich tragbar, in der Funktion verlässlich, kompatibel mit Verteilungs- und Verkaufssystemen, ästhetisch akzeptabel und umweltverträglich sein. Und nicht zu vergessen, sie müssen vom Verbraucher akzeptiert werden. Schließlich wird der Verbraucher durch dieses System auch ein Stück „gläserner". Es könnte beispielsweise registriert und ausgewertet werden, in welcher Reihenfolge die Produkte in den Wagen gelegt werden. Ob etwa ein Produkt wieder zurückgestellt oder gegen ein gleichwertiges Konkurrenzprodukt ausgetauscht wurde. „Intelligente" Werbetafeln könnten den Wageninhalt eines vorbeigehenden Verbrauchers analysieren, daraus Rückschlüsse auf das Konsumverhalten oder die Kaufkraft des Verbrauchers ziehen und sogleich die passende Werbebotschaft an den Kunden senden – Werbung gänzlich abgestimmt auf den Konsumenten.

Große Handelsketten in Deutschland, Frankreich, Dänemark oder Großbritannien haben eine Reihe von Test-Projekten durchgeführt. So erhielten 20 dänische Familien jede Woche Produkte mit RFID-Chips, die von einem intelligenten Kühlschrank ausgelesen wurden. Ein Display in der Front des Geräts zeigte an, sobald Produkte entnommen wurden und nachgekauft werden mussten. Wurde das Haltbarkeitsdatum eines Lebensmittels überschritten, dann erschien eine Warnmeldung. Sogar Rückrufe von Herstellern können über diese Technologie auf das Display geladen werden, wenn das betroffene Produkt sich im Kühlschrank befindet.

Noch sind RFID-Verpackungen allerdings Zukunftsmusik. Die Funkchips und die zugehörige IT-Infrastruktur sind bislang noch zu teuer, als dass sich ihr Einsatz in billigen Verpackungen lohnen würde. In den kommenden Jahren werden RFID-Chips in der Lebensmittelindustrie darum voraussichtlich nur in hochwertigen Mehrweg-Transportverpackungen eingesetzt. Auf diese Weise können die Bestände und Umläufe von Tiefkühlboxen, Fleischbehältern oder Rollcontainern optimiert werden.

Aktive Verpackungen (active packaging)

Aktive Verpackungen sollen ein verpacktes Lebensmittel länger haltbar machen, dessen Zustand erhalten oder sogar verbessern. Diese Verpackungen enthalten Bestandteile, die Stoffe an das verpackte Lebensmittel oder an die das Lebensmittel umgebende Umwelt abgeben oder diesen entziehen können. Als Schlüsselparameter für aktive Verpackungen sind folgende Stoffe interessant:

Wasserdampf

Zu viel Wasserdampf in der Verpackung führt zu einem Verlust an Rösche des Lebensmittels oder es reduziert die Rieselfähigkeit. Zu wenig Wasserdampf kann zum Austrocknen und Zerbröckeln oder zum so genannten Gefrierbrand bei Tiefkühlprodukten führen. Erforscht werden feuchteregulierende Verpackungsmaterialien, zum Beispiel feuchtigkeitsbindende Stoffe (Silicagel, Stärkepolymere oder Polyacrylate), die das Produkt trocken halten sollen.

Sauerstoff

Sauerstoff ist für die Oxidationen, wie das Ranzigwerden von Fett, verantwortlich. Er beschleunigt auch das Wachstum von Mikroorganismen, die zum Verderb des Lebensmittels führen können. Eine geringe Konzentration von Sauerstoff innerhalb der Verpackung führt in der Regel zu einer längeren Haltbarkeit. Der Sauerstoffgehalt kann durch sauerstoffabsorbierende Materialien aktiv gesenkt werden. Solche Verpackungen sind schon auf dem Markt und werden beispielsweise bei Bier in PET-Flaschen eingesetzt (siehe Kasten auf Seite 44). Neuartige Folien mit integriertem Eisenpulver könnten bald den Rest-Sauerstoff zum Beispiel in Fleischprodukten binden und damit die Haltbarkeit erhöhen.

Kohlendioxid

Kohlendioxid, das häufig als so genannte Schutzatmosphäre (siehe Seite 24) eingesetzt wird, unterdrückt das Wachstum von Mikroorganismen und verlängert dadurch in der Regel die Haltbarkeit des verpackten Lebensmittels.

Licht
Lichteinfluss kann zu Geschmacksfehlern im Lebensmittel führen. Bekannt ist beispielsweise der so genannte „Lichtgeschmack" bei Milch. Licht ist jedoch auch ein Oxidationsauslöser (zum Beispiel beim Ranzigwerden von Fetten) und führt zum Verblassen von Pflanzenfarbstoffen (zum Beispiel von Chlorophyll). Eine Verringerung der Lichtdurchlässigkeit der Verpackung führt in der Regel zu einer längeren Haltbarkeit. Erforscht werden durchsichtige Verpackungen mit integriertem UV-Schutz.

Ethylen
Dieses Gas ist als natürliches Reifehormon bekannt. Bananen reifen zum Beispiel, wenn sie Ethylen ausgesetzt sind. Da dies auf dem langen Transport jedoch nicht geschehen soll, wird Ethylen von den Früchten ferngehalten. Ethylen lässt sich durch Ethylen-Absorber entfernen. Die Verpackung enthält Substanzen wie Kaliumpermanganat oder Aktivkohle, die das Ethylen binden.

Aromen
Aromen beziehungsweise der Geruch des Lebensmittels zählen zu den wichtigsten Eigenschaften überhaupt. Das verpackte Lebensmittel muss daher vor der Aufnahme von Fehlaromen aus der Umgebung beziehungsweise vor dem Verlust an produkttypischen Aromen geschützt werden. Unangenehme Gerüche verschwinden durch bindende Stoffe wie Aktivkohle oder Cyclodextrine. Cyclodextrine können in ihrem ringförmigen Hohlraum unangenehm riechende Moleküle festhalten. Allerdings kann der Verbraucher ein leicht verdorbenes Lebensmittel nicht mehr per Geruchstest ausmachen.

Mikroorganismen
Mikroorganismen in Lebensmitteln verursachen Lebensmittelverderb, können krankheitserregend wirken oder die sensorischen Eigenschaften des Lebensmittels negativ beeinflussen. In der Entwicklung sind Verpackungen, die das Wachstum von unerwünschten Keimen hemmen sollen. Silberverbindungen, organische Säuren oder Triclosan in der Verpackung wirken bei Lebensmittelkontakt antimikrobiell.

Bier in PET-Flaschen: Sauerstoff-absorbierende Verpackung

Bier in Kunststoffflaschen war bis vor einigen Jahren undenkbar. Bier ist sauerstoffempfindlich und die höhere Durchlässigkeit von Sauerstoff bei PET-Flaschen gegenüber traditionellen Glasflaschen oder Getränkedosen ließen keine längeren Lagerzeiten zu. Bei normalen PET-Flaschen würde Bier bereits nach kurzer Lagerzeit ungenießbar werden. Antioxidantien wie Vitamin C dürfen Bier in Deutschland aufgrund des Reinheitsgebots nicht zugesetzt werden. Bleibt allein die Optimierung der Verpackung. Passive Barrieren gegenüber Sauerstoff, die in das Kunststoffmaterial eingearbeitet oder auf die Kunststoffoberfläche aufgetragen (Beschichtung) werden, bringen zwar eine gewisse Verbesserung, diese reicht jedoch oftmals nicht aus. Den Durchbruch brachten sauerstoffabsorbierende Materialien, die in die Verschlüsse oder in die Flaschenwand eingearbeitet werden. Sauerstoff, der in das Innere der Verpackung diffundiert, wird hierbei „aktiv" chemisch gebunden. Manchmal werden auch passive Barrieren mit aktiven Sauerstoffabsorbern kombiniert. Das Bier wird so über längere Zeit wirksam geschützt. Erst wenn die Kapazität der sauerstoffabsorbierenden Schicht erschöpft ist, tritt eine ungehinderte Permeation ein. Durch diese Verpackungen lassen sich Mindesthaltbarkeiten von sechs Monaten erreichen. Dies ist zwar deutlich weniger als bei Glasflaschen oder Dosen, reicht aber in der Regel für den Handel aus. Ähnliche Prinzipien werden auch bei sauerstoffempfindlichen Fruchtsäften angewandt.

Für „aktive und intelligente Verpackungen" gilt in der Europäischen Union ein Einzelzulassungsverfahren. Will ein Unternehmen eine aktive oder intelligente Verpackung auf den Markt bringen, muss zuvor eine Zulassung bei der Europäischen Lebensmittelsicherheitsbehörde beantragt werden. Erst nach einem positiven Bescheid darf die aktive oder intelligente Verpackung eingesetzt werden.

Funktionsweise von sauerstoff-absorbierenden Verpackungen

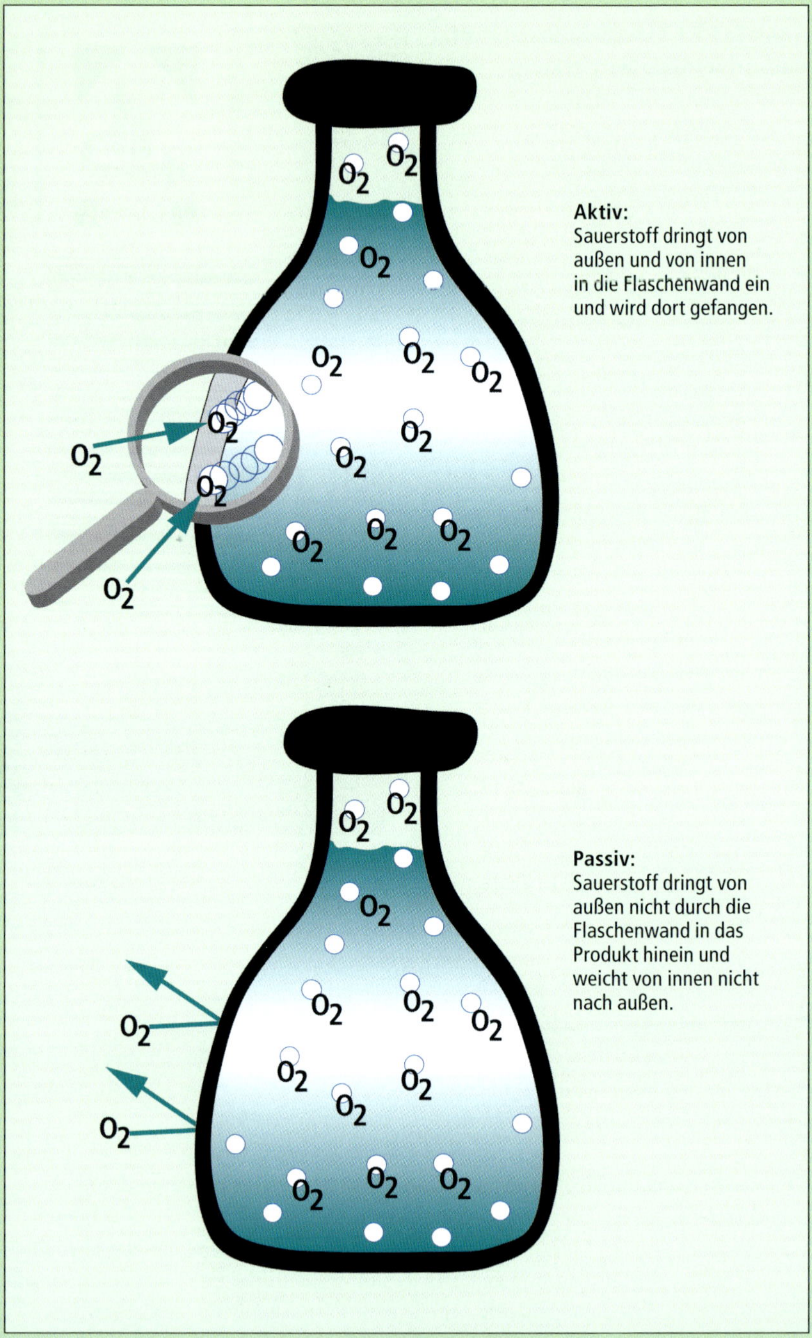

RECYCLING UND ENTSORGUNG

Rechtliche Bestimmungen für Verpackungsabfälle

Umweltaspekte („Wegwerfgesellschaft“) und politische Vorgaben („Dosenpfand“) haben in den vergangenen Jahren die Diskussion um die Verpackung geprägt. Man sollte hierbei nicht vergessen, dass die Verpackung einen entscheidenden Beitrag zur Sicherheit, zum Qualitätserhalt und zur Verfügbarkeit der Lebensmittel leistet. Dennoch unterliegen auch Verpackungen unserer Verantwortung zum nachhaltigen Umgang mit unseren knappen Ressourcen.
Die 1994 in Kraft getretene EG-Verpackungsrichtlinie gibt bei der Behandlung von Verpackungsabfällen der Vermeidung erste Priorität, gefolgt von Wiederverwendung, stofflicher Verwertung und anderen Formen der Verwertung. Mit der vierten Novellierung aus dem Jahr 2006 müssen mindestens 65 Prozent der Verpackungsabfälle verwertet werden. Mindestens 55 Prozent müssen stofflich verwertet werden, das heißt, sie müssen im Gegensatz zur energetischen Verwertung zu neuen Produkten recycelt oder zum Beispiel beim rohstofflichen Recycling von Kunststoff in Rohstoffe wie Methanol überführt werden. Glas, Papier und Karton müssen sogar zu 60 Prozent stofflich verwertet werden.

Die EG-Verpackungsrichtlinie und die deutsche Verpackungsverordnung (VerpackV) legen somit den Grundstein zur Kreislaufwirtschaft. In der Kreislaufwirtschaft gelangen die eingesetzten Materialien nach dem Gebrauch einer Ware über den Weg des Recyclings wieder in den Produktionsprozess zurück. Sie ist somit ein wichtiger Baustein nachhaltigen Wirtschaftens im Sinne der Ressourcenschonung. Gleichzeitig wird dem Warenproduzenten eine umfassende Produktverantwortung übertragen.

Eine weitere Novelle hat unter anderem die Pfandbestimmungen für Einweggetränkeverpackungen verändert (Dritte Novelle, 2005): Für alle Einwegverpackungen von Massengetränken gilt nun ein Pfand von 25 Cent und alle Händler sind verpflichtet, pfandpflichtige Einweggetränkeverpackungen zurückzunehmen, selbst wenn sie nicht aus dem eigenen Sortiment stammen. Dies gilt nur für Händler mit einer Ladenfläche über 200 Quadratmeter; außerdem müssen nur Einwegverpackungen der gleichen Materialart zurückgenommen werden, die auch vertrieben wird. Ein Händler, der keine Dosen verkauft, muss also keine Dosen zurücknehmen. Außerdem wird auf Säfte, Wein und Milch weiterhin kein Pfand erhoben. Der Gesetzgeber sieht hier ein unangemessenes Verhältnis zwischen ökologischem Nutzen und dem Aufwand der Einrichtung eines Rücknahme- und Pfandsystems.

Mit der jüngsten Novelle wurde eine Lizensierungspflicht unter anderem für Getränkeabfüller und Lebensmittelhersteller eingeführt (Fünfte Novelle 2009), das heißt: Die Hersteller müssen die von ihnen verwendeten Mengen an Getränkekartons, Plastikschachteln oder Folien bei einem der derzeit neun dualen Systeme in Deutschland melden und Gebühren dafür zahlen. Damit entfällt die Möglichkeit, Verkaufsverpackungen unentgeltlich am Ort der Übergabe zurückzunehmen und sich nicht an einem dualen System zu beteiligen.

Wiederverwertung von Verpackungsmaterialien

Verpackungsabfälle sind wertvolle Rohstoffe. Darin enthaltene Materialien können mit entsprechenden Recyclingverfahren wieder zurückgewonnen werden. Die dabei gewonnenen Rohstoffe erreichen in manchen Fällen sogar verlustfrei das gleiche Qualitätsniveau wie der Ausgangsrohstoff (zum Beispiel Aluminium).
Oft erreicht das Recyclat von Verpackungsmaterialien aber nur eine geringere Qualität. Recycelte Papierfasern zum Beispiel müssen mit frischen Fasern vermischt werden, um neues Papier ansprechender Qualität herzustellen.

Im Energieverbrauch sind Recyclingmaterialien meist umweltfreundlicher als neu hergestellte Verpackungsrohstoffe.

Glasrecycling

Altglas ist heute ein wichtiger Grundstoff für Glasverpackungen. Die Erfassung erfolgt über farblich getrennte Sammelsysteme. In den Aufbereitungsanlagen werden zunächst Fremdstoffe wie Keramik, Porzellan oder Metalle aussortiert. Anschließend werden die angelieferten Scherben farblich nachsortiert. Weißglas verträgt keine Fehlfarben. Braunglas darf nicht mehr als 8 Prozent und Grünglas maximal 15 Prozent Fehlfarben enthalten. Danach werden die Scherben in der Glashütte zusammen mit neuem Glas aufgeschmolzen und zu neuen Glasverpackungen verarbeitet. Glas ist nahezu beliebig oft recycelbar.

Papierrecycling

In Deutschland wird derzeit bei der Papierherstellung 68 Prozent Altpapier eingesetzt. Wellpappe und Zeitungspapier können gänzlich aus Altpapier hergestellt werden. Allerdings verkürzen sich beim Recycling die Papierfasern. Deshalb kann Papier nur etwa fünfmal recycelt werden. Die Sammlung der Papierverpackungen erfolgt zusammen mit Zeitschriften und Zeitungen. In Sortierprozessen trennt man zunächst die höherwertigen Zeitschriften und Zeitungen ab, die gesondert recycelt werden. Erster Schritt im Recycling ist das Einweichen und Verrühren mit Wasser in großen Bottichen. Die Fasermassen werden von Verunreinigungen wie Kunststoffen und Heftklammern gereinigt. Anschließend erfolgt meist das Entfernen von Druckfarben. Danach wird die Fasermasse gepresst, entwässert und zu neuen Papierbahnen verarbeitet.

Kunststoffrecycling

So vielfältig wie die verschiedenen Kunststoffe sind, so vielfältig sind auch die Anforderungen an die Recyclingprozesse. Prinzipiell gilt: Je sortenreiner ein Material ist, desto hochwertiger ist das Recycling. Deshalb ist der Schlüsselschritt beim Kunststoffrecycling das Sortieren in verschiedene Kunststofffraktionen. In der Regel fraktioniert man in Folien, Becher, geschäumtes Polystyrol (EPS) und Mischkunststoffe.

Die Folienfraktion setzt sich überwiegend aus Polyethylen niederer Dichte (LD-PE) zusammen. Becher bestehen aus Polystyrol (PS) und Polypropylen (PP), die im Verwertungsbetrieb über herkömmliche Dichtetrennverfahren separiert werden. Kunststoffflaschen werden in Veredelungsanlagen mittels Nahinfrarottechnik (NIR) weiter in die Kunststoffarten Polyethylen (PE), PP und Polyethylenterephthalat (PET) aufgetrennt. Zunehmend kommt die NIR-Technik auch schon direkt in den Sortieranlagen zum Einsatz.

Folien, Flaschen, Becher und die Kunststoffartenfraktionen werden meist zu Regranulat verwertet, aus dem die kunststoffverarbeitende Industrie unter anderem Rohre, Eimer, Spielzeugteile oder Bau- und Gartenprodukte herstellt, aber auch Kunststofffolien und Textilien, die zum Beispiel in Faser-Pullovern und Rucksäcken verwendet werden.

Mischkunststoffe eignen sich hingegen nur begrenzt für werkstoffliche Anwendungen, bewähren sich jedoch zunehmend in Anwendungen für den Garten- und Landschaftsbau sowie Hoch- und Tiefbau. Mischkunststoffe werden überwiegend rohstofflich genutzt. Zu Synthesegas verarbeitet, dienen sie zur Methanolerzeugung oder als Reduktionsmittel in der Stahlindustrie. Bei der Verwertung von Mischkunststoffen werden energetische Verfahren künftig an Bedeutung gewinnen. Um hochwertige Ersatzbrennstoffe mit konstanter Qualität zu erzeugen, müssen PVC und PET zuvor vom Materialstrom abgetrennt werden.

Tipp:
Nach der Einführung des Pflichtpfands auf Einwegverpackungen ist es schwierig geworden, PET-Einwegflaschen von Mehrwegflaschen zu unterscheiden, da alle gleichermaßen mit einem Pfand belegt sind. Wer dennoch Wert auf Mehrweg legt: PET-Mehrwegflaschen lassen sich von Einwegflaschen am so genannten „Champagnerboden" unterscheiden. Zusätzlich sind sie etwas dickwandiger und schwerer als PET-Einwegflaschen.

Polyethylenterephthalat (PET)-Recycling

PET ist ein Sonderfall im Kunststoffrecycling. Es hat einen hohen Anteil am Verpackungsaufkommen, vor allem bei Getränkeverpackungen, kann leicht sortiert und gut recycliert werden. Über die Pfandsammlungen sind große Mengen verfügbar, die ein wirtschaftliches Recycling von PET möglich machen. Recycliertes PET ist Ausgangsstoff für Fleece-Pullover, Teppiche, Schlafsäcke oder Dämmmaterialien. Die stetige Weiterentwicklung von Recyclingprozessen führte in den letzten Jahren zu Recyclaten, die wieder in die neuen PET-Flaschen eingearbeitet werden können. Aus einer PET-Flasche wird also wieder eine PET-Flasche (so genanntes Bottle-to-Bottle-Recycling). Aufgrund des Pflichtpfands auf Einweggetränkeverpackungen landen nur noch wenige PET-Getränkeflaschen in den gelben Säcken, sie werden stattdessen weitgehend sortenrein über das Pfandsystem gesammelt und recycliert.

Die verbrauchten Flaschen kommen über ein Sammelsystem oder Pfandsystem zum Recyclingbetrieb. Dort werden die PET-Flaschen zerkleinert und gewaschen. Danach durchlaufen die so genannten „Flakes" einen weiteren Reinigungsprozess. Dieser zusätzliche Reinigungsschritt ist unerlässlich, um ein hochwertiges PET-Recyclat für Verpackungen zu erzeugen. Dieses Verfahren muss in der Lage sein, Verunreinigungen aus der Erstnutzung wirkungsvoll aus dem Kunststoff zu entfernen. In der Regel sind dies hauptsächlich Spuren von Aromastoffen oder andere Lebensmittelkomponenten, welche durch hohe Temperaturen und Vakuum aus dem PET entfernt werden. Das Endprodukt kann dann wie Neuware für PET-Flaschen eingesetzt werden.

Im Unterschied zu Einweg-PET-Flaschen werden Mehrweg-PET-Flaschen mehrfach wiederbefüllt, bevor sie recycelt werden. Wasserflaschen nehmen im Durchschnitt 20 Umläufe; Limonaden- oder Saftflaschen müssen stärker gereinigt werden und halten darum nur fünf bis sechs Wiederbefüllungen durch. Mehrweg-PET-Flaschen können nicht zu neuen Mehrwegflaschen recycelt werden. Stattdessen geht der Kunststoff in die Textilindustrie zur Herstellung von Polyesterfasern.

Pro Jahr werden in Deutschland etwa 420.000 Tonnen PET-Einweg-Altflaschen gesammelt. Die Rücklaufquote lag im Jahr 2008 bei 94 Prozent; vor der Pflichtpfandeinführung lag die Quote bei 80 Prozent. Die Rücklaufquote von PET-Mehrwegflaschen erreicht 99 Prozent.

Verbundmaterialrecycling

Getränkekartons, Tüten für Instantsuppen, Buttereinwickler und Eisschachteln zählen zu den Verbundmaterialien. Diese bestehen in der Regel aus einer dünnen Polyethylen (PE)-Schicht auf Karton. Bei Verpackungen für haltbare Produkte kommt noch eine dünne Aluminiumschicht hinzu. Den weitaus größten Teil machen die Getränkekartons aus, die automatisch aussortiert werden. Beim Recycling werden Getränkekartons zunächst zerkleinert. Die Schnipsel werden anschließend in einer großen Trommel mit Wasser gequollen, Papierfasern, Polyolefinschicht und Alumi-

Transport von Getränkekartons, zunächst in einen Schredder, anschließend in die Auflösetrommel

nium trennen sich dadurch. Die Papierfasern spült man über Löcher in der Trommel nach außen und verwendet sie nach weiterer Reinigung wieder zur Papierherstellung. Das übrige PE-Aluminiumgemisch kann in Zementwerken verwendet werden. Es ist jedoch auch möglich, das Aluminium aus den Getränkekartons zurückzugewinnen. Im Jahr 2009 wurden etwa 63 Prozent der Getränkekartons in Deutschland stofflich verwertet.

Weißblech- und Aluminiumrecycling

Weißblech besteht aus Stahl, der zum Schutz vor Korrosion mit einer dünnen Zinnschicht überzogen wurde. Wie jedes andere Stahlprodukt kann es fast ohne Qualitätsverlust beliebig oft recycelt werden. Weißblechverpackungen lassen sich durch Magneten einfach separieren und gehen in nahezu alle Stahlprodukte ein. Mit einer Recyclingquote von 93,6 Prozent im Jahr 2008 ist Weißblech der in Deutschland am besten wiederverwertete Verpackungsrohstoff. Aluminium hat ein sehr geringes Gewicht und lässt sich durch den Einsatz von Wirbelstromabscheidern gut sortieren. Nach dem Aufschmelzen findet Sekundäraluminium wiederum Anwendung in Verpackungen, aber auch in anderen Industriezweigen, in denen Aluminium verarbeitet wird, wie zum Beispiel der Automobilindustrie. Die Recyclingquote von Alu-Dosen liegt in Deutschland bei etwa 90 Prozent.

Aluminiumgranulat

Das Duale System – Wie funktioniert das?
Das Duale System basiert auf der 1991 in Kraft getretenen Verpackungsverordnung (VerpackV). Seitdem sind Handel und Industrie dazu verpflichtet, gebrauchte Verkaufsverpackungen zurückzunehmen und einer stofflichen Verwertung zuzuführen. Damit wurde den Verpackungsherstellern und Abfüllern die Verantwortung für die Verpackungen über den gesamten Lebensweg übertragen. Die Hersteller und Abfüller können diese Verantwortung aber auch einem Dritten übertragen. Dies führte zur Gründung des Dualen Systems, welches flächendeckend und haushaltsnah die Erfassung, Sortierung und Verwertung von Verpackungen organisiert. Der erste Dienstleister war die Firma Duales System Deutschland GmbH mit der Marke „Der Grüne Punkt". Zwischenzeitlich sind neun Anbieter im Dualen System tätig.

Die Kunden der Dualen Systeme sind die Lebensmittelabpacker, Handelsunternehmen, Importeure oder Packmittelhersteller. Die Dualen Systeme organisieren die haushaltsnahe Sammlung von gebrauchten Verkaufsverpackungen und ihre Sortierung nach Materialgruppen und führen sie einer Verwertung zu. Dafür erhalten die Systeme von ihren Kunden Lizenzgebühren. Der überwiegende Anteil der verbrauchten Verkaufsverpackungen (zirka 7 Millionen Tonnen jährlich), wird von diesen Systemen gesammelt und der Verwertung zugeführt (zirka 5 Millionen Tonnen jährlich). Berechnungsgrundlagen der Lizenzentgelte sind sowohl die Materialart als auch das Gewicht einer Verpackung. Dies bedeutet, je weniger Material für eine Verpackung benötigt wird und je leichter es zu recyceln ist, desto geringer ist das Lizenzentgelt. Als direkte Konsequenz daraus hat seit Einführung des Dualen Systems das gewichtsabhängige Entgelt den Trend zu leichteren Verkaufsverpackungen unterstützt. Die in Verkehr gebrachten Verpackungen werden je nach Verpackungsmaterial zu bestimmten Quoten einer stofflichen Verwertung zugeführt.

Die Logos der neun Dienstleister im Dualen System

interseroh

LANDBELL®

Vfw
Reverse Logistics Group

BellandVision

Redual
Das alternative duale System

VEOLIA
UMWELTSERVICE

zentek®

EKO-PUNKT®

GLOSSAR

Additive

Polymeren werden bei der Herstellung oder Verarbeitung Substanzen zugesetzt, welche die Eigenschaften des Verpackungsmaterials über den Anwendungszeitraum gewährleisten. Diese Substanzen nennt man Zusatzstoffe oder Additive. Es handelt sich zum Beispiel um Antioxidantien, die den Angriff von Sauerstoff auf das Polymer verhindern. PVC werden auch so genannte Weichmacher zugesetzt, die dem Polymer die notwendige Flexibilität geben. Im Lebensmittelbereich eingesetzte Additive müssen dafür zugelassen sein. Hierfür ist die Europäische Lebensmittelsicherheitsbehörde EFSA zuständig.

Aktive Verpackung

Aktive Verpackungen ändern aktiv die Bedingungen von verpackten Lebensmitteln, um deren Haltbarkeit zu verlängern, die Sicherheit der Lebensmittel zu gewährleisten oder um die sensorischen Eigenschaften der verpackten Lebensmittel zu verbessern. Aktive Verpackungen können prinzipiell in „aufnehmende" Systeme (Absorber) und „abgebende" Systeme eingeteilt werden. Absorber entfernen unerwünschte Substanzen aus dem verpackten Lebensmittel (zum Beispiel Sauerstoff, Kohlendioxid, Ethylen, Wasser oder andere spezifische Komponenten), während abgebende Systeme aktiv Substanzen (zum Beispiel Antioxidantien, Konservierungsstoffe oder Kohlendioxid) in das Lebensmittel abgeben. Für aktive Verpackungen muss vor dem Inverkehrbringen eine Einzelzulassung bei der Europäischen Lebensmittelsicherheitsbehörde EFSA beantragt werden.

Bedarfsgegenstände

Bedarfsgegenstände sind nach dem Lebensmittel- und Futtermittelgesetzbuch (LFBG) Materialien und Gegenstände, die dazu bestimmt sind, mit Lebensmitteln in Berührung zu kommen. Hierunter fallen alle Lebensmittelverpackungen. Weiterhin gelten folgende Gegenstände als Bedarfsgegenstände: Verpackungen für kosmetische Mittel; Gegenstände, die dazu bestimmt sind, mit den Schleimhäuten des Mundes in Berührung zu kommen; Gegenstände, die zur Körperpflege bestimmt sind; Spielwaren und Scherzartikel; Gegenstände, die dazu bestimmt sind, nicht nur vorübergehend mit dem menschlichen Körper in Berührung zu kommen, wie Bekleidungsgegenstände, Bettwäsche, Masken, Perücken, Haarteile, künstliche Wimpern, Armbänder; Reinigungs- und Pflegemittel, Imprägniermittel sowie Mittel beziehungsweise Gegenstände zur Geruchsverbesserung in Räumen, die zum Aufenthalt von Menschen bestimmt sind.

Biokunststoffe

Biokunststoffe sind Kunststoffe, welche auf Basis nachwachsender Rohstoffe hergestellt werden oder biologisch abbaubar sind. Biologisch abbaubare Polymere können erdölbasiert sein oder aber aus nachwachsenden Rohstoffen hergestellt werden. Die biologische Abbaubarkeit und Kompostierbarkeit der Kunststoffverpackungen muss in Europa die Norm EN 13432 erfüllen.

Blister

Blister sind Sichtverpackungen aus Kunststoff, deren Rückwand mit Karton, Aluminium- oder Kunststofffolie verschlossen ist.

Einwegverpackungen

Einwegverpackungen sind Verkaufsverpackungen, die zum einmaligen Gebrauch bestimmt sind und danach dem → Recycling zugeführt werden. Seit 2003 unterliegen die meisten Getränkeeinwegverpackungen wie PET-Flaschen und Getränkedosen einem → Pflichtpfand. Getränkekartons sind als → ökologisch vorteilhafte Verpackungen eingestuft, da bei einem 1-Liter-Getränkekarton lediglich etwa 3 Prozent des Gesamtgewichts auf die Verpackung entfallen. Getränkekartons fallen daher nicht unter die Zwangspfandregelung.

Intelligente Verpackungen

Intelligente Verpackungen zeichnen die Bedingungen während des Transports und der Lagerung von verpackten Lebensmitteln auf. Diese Informationen über die Qualität der verpackten Lebensmittel können an den Verbraucher weitergegeben werden. Entsprechende Indikatorfunktionen sind aber noch in der Entwicklung.

Gesamtmigration

Unter der Gesamtmigration versteht man die Gesamtmenge an Stoffen, die während der Kontaktzeit aus der Verpackung in das Lebensmittel übergehen (migrieren). Der Grenzwert der Gesamtmigration ist auf maximal 10 Milligramm pro Quadratdezimeter Verpackungsfläche festgelegt. Umgerechnet auf das Lebensmittel liegt der Grenzwert bei 60 Milligramm pro Kilogramm Lebensmittel.

Grenzwerte

Für Verpackungen aus Kunststoff gilt ein Grenzwert der Gesamtmigration von maximal 10 Milligramm pro Quadratdezimeter Verpackungsfläche. Zusätzlich gelten spezifische Grenzwerte für einzelne Substanzen wie zum Beispiel Monomere oder Additive. Diese sind je nach Substanz durch das jeweilige toxikologische Potenzial sehr unterschiedlich.

Kaschieren

Mit Kaschieren bezeichnet man das Verbinden von Packstoffen zum Beispiel zu einer Mehrschichtfolie. Dadurch erhält man → Verbundverpackungen.

Mehrwegverpackungen

In einem Mehrwegsystem gelangen gebrauchte Verpackungen vom Verbraucher über den Handel wieder an den Hersteller zurück und werden nach Reinigung und Überprüfung erneut befüllt und verkauft. Mehrweggetränkeverpackungen sind in Deutschland als → ökologisch vorteilhafte Verpackungen eingestuft.

Migration

Unter Migration versteht man den Übergang von Stoffen aus der Verpackung in das Lebensmittel. Dies können Monomere, Additive und sonstige Verpackungsinhaltsstoffe sein.

Mindesthaltbarkeit

Das Mindesthaltbarkeitsdatum eines Lebensmittels ist das Datum, bis zu dem dieses Lebensmittel unter angemessenen Aufbewahrungsbedingungen seine spezifischen Eigenschaften behält.

Monomere

Als Monomere werden die kleinsten Einheiten eines Kunststoffs (Polymer) bezeichnet. Durch den Herstellungsprozess bedingt, verbleiben in der Regel geringe Mengen der Monomere im Verpackungsmaterial.

Nachwachsende Rohstoffe

Unter nachwachsenden Rohstoffen versteht man landwirtschaftlich erzeugte Rohstoffe, welche nicht als Nahrungs- und Futtermittel, sondern als Rohstoffe für chemische Produkte oder zur Energieerzeugung genutzt werden.

Ökobilanz

Ökobilanzen werden für umweltorientierte Entscheidungen im Lebenszyklus eines Produktes herangezogen. Sie zeigen Schwachstellen im Lebensweg von Produkten auf und liefern mögliche Alternativen. Ökobilanzen wurden beispielsweise im Bereich der Bewertung von Kunststoff-Verwertungsverfahren sowie zum Vergleich von Einweg- und Mehrwegverpackungen für Getränke erstellt.

Ökologisch vorteilhafte Verpackungen

Als ökologisch vorteilhaft sind Mehrwegverpackungen eingestuft. Aber auch Einwegverpackungen können als ökologisch vorteilhaft eingestuft werden. In der Verpackungsverordnung sind folgende ökologisch vorteilhaften Einweg-Getränkeverpackungen benannt:

- Getränkekartonverpackungen,
- Getränke-Polyethylen-Schlauchbeutel-Verpackungen,
- Folien-Standbodenbeutel.

Ziel der Verpackungsverordnung ist es, einen Anteil der in Mehrweggetränkeverpackungen sowie in ökologisch vorteilhaften Einweggetränkeverpackungen abgefüllten Getränke von mindestens 80 Prozent zu erreichen.

Permeation

Unter Permeation versteht man den Durchtritt von Substanzen durch die Verpackung. Beispielsweise können Aromakomponenten des Lebensmittels durch die Verpackung entweichen. Andererseits können Umweltchemikalien durch die Verpackung in das Lebensmittel gelangen.

Pflichtpfand auf Getränkeverpackungen

Bereits die Verpackungsverordnung von 1991 hat Mehrweg-Getränkeverpackungen aufgrund ihrer ökologischen Vorteile besonders gefördert. Nach mehrfacher Unterschreitung der festgelegten Mehrwegquote von 72 Prozent wurden ab 1. Januar 2003 Einwegverpackungen für Mineralwasser, Bier oder kohlensäurehaltigen Erfrischungsgetränken (Cola und Limonade) pfandpflichtig. 2006 wurde die Pfandpflicht auf kohlensäurefreie Erfrischungsgetränke und alkoholhaltige Mischgetränke (insbesondere so genannte Alkopops) in Einwegverpackungen ausgedehnt. Pfandfrei sind Frucht- und Gemüsesäfte, Milch, Wein und Spirituosen sowie => ökologisch vorteilhafte Einweg-Getränkeverpackungen.

Primärverpackung

Die Primärverpackung steht in direktem Kontakt mit dem Lebensmittel. Aufgrund des möglichen Übergangs (Migration) von Verpackungsinhaltsstoffen muss sie hohen lebensmittelrechtlichen Anforderungen genügen.

Recycling

Die Verpackungsverordnung sieht mit der fünften Novelle von 2009 folgende Quoten für die stoffliche Verwertung folgender Verkaufsverpackungsmaterialien vor: Glas (60 Prozent), Metalle (50 Prozent), Papier, Pappe und Karton (60 Prozent), Holz (15 Prozent). Für Kunststoffverpackungen gilt, dass bei einer Gesamtverwertungsquote von 65 Prozent mindestens 22,5 Prozent wieder zu Kunststoffen verwertet werden müssen. Alle Verwertungsquoten wurden schon vor Inkrafttreten der Novelle Anfang 2009 überschritten.

Sekundärverpackungen

Sekundärverpackungen sind Packmittel, die zum Transport oder zur Darbietung eines verpackten Lebensmittels benötigt werden. Sekundärverpackungen haben keinen direkten Kontakt zum Lebensmittel.

Sorption

Als Sorption bezeichnet man die Aufnahme einer Substanz in den Packstoff. Beispielsweise können Aromakomponenten aus dem Lebensmittel in die Verpackung übergehen. Dadurch können sich die geruchlichen beziehungsweise geschmacklichen Eigenschaften eines verpackten Lebensmittels ändern, da diese dann im Lebensmittel fehlen. Der erste Schritt der → Permeation ist die Sorption.

Spezifische Migration

Unter der spezifischen Migration versteht man den Übergang einer einzelnen Substanz (zum Beispiel eines Monomers oder Additivs) aus der Verpackung in das Lebensmittel. Monomere oder Additive sind oftmals mit Grenzwerten der spezifischen Migration belegt.

Trays

Hierbei handelt es sich um Schalen, die mittels Vakuum aus einer erwärmten Kunststofffolie in eine Form tiefgezogen werden. Die Oberseite kann mit einer zweiten Kunststoff- oder Aluminiumfolie gesiegelt werden.

Verbundverpackungen

Verbundverpackungen sind Verpackungen aus unterschiedlichen, von Hand nicht trennbaren Materialien, von denen keines einen Masseanteil von 95 Prozent überschreitet.

WEITERE INFOS

Datenbanken

Link zur EU (Lebensmittelverpackungen)
http://ec.europa.eu/food/food/chemicalsafety/foodcontact/eu_legisl_en.htm

Link zum Lebensmittel-, Bedarfsgegenstände- und Futtermittelgesetzbuch (LFBG)
http://bundesrecht.juris.de/lfgb/index.html

Link zu BfR-Empfehlungen
http://bfr.zadi.de/kse/faces/DBEmpfehlung.jsp

Adressen

Aktionsforum Glasverpackung
c/o Bundesverband Glasindustrie e. V.
Am Bonneshof 5
40474 Düsseldorf
E-Mail: info@bvglas.de
Internet: www.glasaktuell.de

Arbeitsgemeinschaft Verpackung + Umwelt e. V.
Hausvogteiplatz 2
10117 Berlin
E-Mail: online@agvu.de
Internet: www.agvu.de

Bundesministerium für Ernährung, Landwirtschaft und Verbraucherschutz (BMELV)
Dienstsitz Bonn:
Rochusstraße 1
53123 Bonn
Dienstsitz Berlin:
Wilhelmstraße 54, 10117 Berlin
E-Mail: poststelle@bmelv.bund.de
Internet: www.bmelv.de

Bundesinstitut für Risikobewertung (BfR)
Thielallee 88–92
14195 Berlin
E-Mail: poststelle@bfr.bund.de
Internet: www.bfr.bund.de

European Food Safety Authority (EFSA)
Largo N. Palli 5/A (on the Viale Mentana)
43121 Parma
Italien
E-Mail: Kontakt über Homepage
Internet: www.efsa.europa.eu

Fachverband Kartonverpackungen für flüssige Nahrungsmittel e. V. (FKN)
Dorotheenstraße 54
10117 Berlin
E-Mail: fkn@getraenkekarton.de
Internet: www.getraenkekarton.de

IK Industrievereinigung Kunststoffverpackungen e. V.
Kaiser-Friedrich-Promenade 43
61348 Bad Homburg
E-Mail: info@kunststoffverpackungen.de
Internet: www.kunststoffverpackungen.de

PlasticsEurope
Avenue E van Nieuwenhuyse 4, Box 3
B 1160 Brüssel
Belgien
E-Mail: info@plasticseurope.org
Internet: www.plasticseurope.org

Umweltbundesamt (UBA)
Postfach 1406
06813 Dessau-Roßlau
E-Mail: info@umweltbundesamt.de
Internet: www.umweltbundesamt.de

Verband Metallverpackungen e. V. (VMV)
Tersteegenstraße 14
40474 Düsseldorf
E-Mail: vmv@metallverpackungen.de
Internet: www.metallverpackungen.de

Obst

Das Heft liefert für alle gängigen Obstarten die wichtigsten Informationen zu Anbau, Einkauf, Verbraucherschutz und Küchenpraxis. Integriert sind dabei Schalenobst (Nüsse), Wildfrüchte, eine Nährwerttabelle und ein alphabetisches Obstverzeichnis. Jede Frucht ist farbig abgebildet. Äpfel- und Birnensorten bilden einen Schwerpunkt, aber auch die hierzulande bedeutendsten Exoten und Zitrusfrüchte sind berücksichtigt. Der Leser erfährt etwas über die Ernährungsphysiologie, zu Obsterzeugnissen und erhält Tipps zu Lagerung und Verarbeitung.

Heft, DIN A5, 100 Seiten, Bestell-Nr. 5-1002

Obst und Gemüse nach der Ernte

Das Heft erläutert den Weg von Obst und Gemüse von der Ernte bis in den Einzelhandel anhand von ausgewählten Beispielen: Apfel, Süßkirsche, Erdbeere, Salat, Radieschen, Bundmöhre, Tomate und Waschmöhre. Dabei stehen die Aspekte Frische, Qualität und Sicherheit im Vordergrund. Die unterschiedlichen physikalischen Faktoren werden ebenso erklärt wie spezielle Belange bei Transport, Lagerung und im Handel. Außerdem gibt es Tipps für Einkauf und Aufbewahrung.

Heft, DIN A5, 60 Seiten, Bestell-Nr. 5-1495

Fisch und Fischerzeugnisse

Deutschland ist das Eldorado für Fischliebhaber: In kaum einem anderen Land gibt es ein so großes Fischspezialitätensortiment. Die Broschüre stellt das Angebot vor und gibt Tipps für Einkauf und Zubereitung. Verbraucher/-innen erfahren Wissenswertes über Fischarten, Fang- und Produktionstechniken, Qualitätsmerkmale und die Verarbeitung von Fisch. Auch das Thema Tiefkühlprodukte wird in der Broschüre aufgegriffen. Ein weiteres Kapitel informiert über den Verbraucherschutz mit wichtigen Gesetzen und Verordnungen. Umfangreiche Nährwerttabellen komplettieren die Übersicht.

Broschüre, DIN A5, 144 Seiten, Bestell-Nr. 5-1001

Fleisch und Fleischerzeugnisse

Die Warenkunde von Schweine-, Rind-, Kalb-, Schaffleisch und Co. sowie von Fleischerzeugnissen steht im Mittelpunkt dieser Informationsschrift. Mit verständlichen Texten und anschaulichen Bildern stellt das Heft insgesamt acht verschiedene Fleischarten und Innereien vor. Die Beschreibung der unterschiedlichen Fleischerzeugnisse nimmt entsprechend dem großen Sortiment ebenfalls einen breiten Raum ein. Hinweise zu Qualitätskriterien helfen bei der Kaufentscheidung. Ernährungsphysiologische Aspekte, Fragen des Verbraucherschutzes sowie Tipps für Einkauf und Lagerung sind weitere Themen.

Heft, DIN A5, 72 Seiten, Bestell-Nr. 5-1005

Brot und Kleingebäck

Brot und Kleingebäck enthalten reichlich komplexe Kohlenhydrate, Ballaststoffe sowie weitere wichtige Nährstoffe. Für die tägliche Ernährung steht eine große Auswahl bereit. Das Heft beschreibt die verschiedenen Sorten ausführlich in Wort und Bild. Brot ist nicht gleich Brot und auch bei den Kleingebäcken gibt es eine enorme Vielfalt. Unterschiede entstehen nicht nur durch die verschiedenen Getreidemahlerzeugnisse, sondern auch durch die spezifischen Herstellungsverfahren und Rezepturen. Die Unterschiede und Gemeinsamkeiten der zahlreichen Brotsorten und Kleingebäcke werden ausführlich dargestellt. Informationen zu Aufbewahrung und Verbraucherschutz sind weitere Themen.

Heft, DIN A5, 56 Seiten, Bestell-Nr. 5-1004

Käse

Woher kommen die Löcher im Käse? Das Heft beantwortet diese Frage und viele mehr. Es beschreibt die Käseherstellung und stellt die wichtigsten Käsesorten mit Bild vor. Dazu gibt es Tipps zum richtigen Umgang mit Käse im Haushalt. Ob Hartkäse, Schnittkäse, halbfester Schnittkäse, Weich-, Frisch- oder Sauermilchkäse – über das Sortenangebot dieser sechs Käsegruppen gibt das Heft einen Überblick mit den zugehörigen Qualitätsmerkmalen. Auf die Bedeutung von Käse in der Ernährung wird ebenso eingegangen wie auf Verbraucherschutzaspekte. Eine Nährwerttabelle und ein alphabetisches Käseverzeichnis ergänzen das Heft.

Heft, DIN A5, 48 Seiten, Bestell-Nr. 5-1090

Bestellung

www.aid-medienshop.de

Kunden-Nr. (falls vorhanden)

Name/Vorname

Firma/Abteilung

Straße und Hausnummer/Postfach

PLZ/Ort

Telefon/Fax

E-Mail

aid infodienst e. V.
– Vertrieb –
Postfach 1627, 53006 Bonn
Telefon: +49 (0)180 3 849900*
Telefax: +49 (0)228 84 99-200
E-Mail: bestellung@aid.de

*Kosten: 9 Cent pro Minute aus dem deutschen Festnetz, Anrufe aus dem Mobilfunknetz maximal 42 Cent pro Minute. Aus dem Ausland können die Kosten abweichen.

Ich (Wir) bestelle(n) zuzüglich einer Versandkostenpauschale von 3,00 € (innerhalb Deutschlands) gegen Rechnung (Angebotsstand: Oktober 2010):

Best.-Nr.	Titel	Medium	Anzahl	Einzelpreis €	Gesamtpreis €
5-1496	Verpackungen für Lebensmittel	Heft		3,50	
5-1002	Obst	Heft		4,00	
5-1495	Obst und Gemüse nach der Ernte	Heft		2,50	
5-1005	Fleisch und Fleischerzeugnisse	Heft		3,00	
5-1001	Fisch und Fischerzeugnisse	Broschüre		5,00	
5-1004	Brot und Kleingebäck	Heft		2,50	
5-1090	Käse	Heft		2,50	
5-7543	Faszination Fisch, Einzellizenz	Video-DVD		25,00	
5-7543	Faszination Fisch, Schullizenz	Video-DVD		50,00	
5-7545	Brot und Kleingebäck, Einzellizenz	Video-DVD		25,00	
5-7545	Brot und Kleingebäck, Schullizenz	Video-DVD		50,00	
5-3264	aid-Medienkatalog	Heft		0,00	0,00

☐ Ich möchte regelmäßig und kostenlos den aid-Medienkatalog erhalten. Diese Zusendung kann ich jederzeit widerrufen.

Auftragswert

Bestellungen erfolgen ausschließlich unter Einbeziehung unserer allgemeinen Geschäftsbedingungen, die Sie im Internet unter www.aid-medienshop.de einsehen oder unserem Medienkatalog entnehmen können, den wir Ihnen auf Anforderung kostenlos zusenden. Die Informationen zur Widerrufsbelehrung und den Widerrufsfolgen auf der gegenüberliegenden Seite habe ich zur Kenntnis genommen.

Datum/Unterschrift

aid infodienst Ernährung, Landwirtschaft, Verbraucherschutz e. V. (aid), Heilsbachstraße 16, 53123 Bonn, Telefon: 0228 8499-0, Telefax: 0228 8499-177, Geschäftsführender Vorstand: Frau Dr. Margareta Büning-Fesel, eingetragen im Vereinsregister (Registernr. 2240) beim Amtsgericht Bonn